一年餐桌 風景

134道使用當令食材的家常料理，三菜一湯以及一鍋到底的美味提案

宅宅太太—蔡宛珍·著

作者序

....

身為一個女兒、妻子、媽媽、攝影師、料理愛好者，身兼數職的我每天要做的事情真的好多！

從小媽媽做菜時，經常跟在旁邊看，這造就了我對料理的興趣，而吃著媽媽做的家常菜長大，在孩童時期建立對「家的味道」的記憶。家母是位會嘗試各式料理的人，西式、台式都會做，也會利用電鍋、烤箱等不同的工具料理，我的不挑食也歸功於她。長大之後，我的口味有了一些改變，開始做菜給先生吃，也帶來不同的困擾：因為我跟先生口味截然不同，我愛西式、他愛台式，出門吃飯永遠不會點一樣的菜。所以，在料理上需要取得平衡

點，有一點我喜歡的成分、也有一點他愛的元素，互相妥協。不過身為掌管廚房的人，有時候還是可以任性一下（笑）。

在孩子還沒出生之前，我做料理完全是隨心所欲，今天想要吃肉就多吃一點；今天想要吃超辣，辣椒就多放一點。但是，自從孩子跟我們一起吃飯之後，就要好好安排一頓飯必須要有那些營養，以及如何讓調味在美味之餘更加單純。想要煮飯給家人吃的心情、忙碌生活中最需掌控的時間，以及符合家人需求和口味這三點，慢慢形塑起我家每天的餐桌樣貌。平時在社群時常發表每天的家常食譜分享，得到一些好評，也很幸運地可以推出第二本食譜書跟大家分享。

一天三餐、甚至偶爾四餐，能夠依照季節蔬菜來採買料理是最棒的事了。這本書收錄了我家一年份的餐桌風景，會向讀者介紹春、夏、秋、冬的一週菜色，大多以2至3人小家庭適合的份量、三菜一湯的組合為主。

義大利麵在我心裡可是有崇高的地位，一週一定要上桌一次，因此也特別精選出適合每個季節的義大利麵料理。

另外，一鍋到底的料理可以讓沒太多時間做菜的朋友簡單做，也有我一個人專用的療癒料理——應該也可以說是任性料理啦！最後則是特別收錄的宵夜下酒菜。希望大家看了這本書之後也能動手嘗試，增添餐桌上的美味風景。

宅宅太太

目次

✦ 作者序 002

✦ 常用器具與醬料 006

Chapter1 ✦ **品嚐春日綠意** 014

洋蔥雞翅、甜豆蝦仁、培根娃娃菜、銀耳甜湯 016 ／ 西芹雞肉絲、豆腐煎餅、奶油蘆筍、蘆筍汁 024 ／ 蒜苗甜椒豬五花、毛豆豆乾炒、蒜炒小松菜、排骨玉米湯 032 ／ 醬燒雞腿串、鹽味豆腐、腐皮小松菜、豆乳豬肉湯 040 ／ 香煎鱸魚佐洋蔥絲、奶油蒜味蝦、甜豆蘑菇溫沙拉、甜椒濃湯 048 ／ 黑胡椒牛肉、番茄炒蛋、上湯娃娃菜、山藥薏仁湯 056 ／ 蘑菇牛肉丸、櫛瓜蛋披薩、帕瑪森蘆筍、野莓果汁 064 ／ 春日義大利麵：橄欖油蒜味義大利麵 072

Chapter 2 ✦ **清爽的夏天餐桌** 074

塔塔雞腿排三明治、涼拌番茄、小黃瓜氣泡水 076 ／ 糖醋肉、絲瓜炒蛋絲、豬肉苦瓜炒、蛤蜊湯 082 ／ 香檸雞肉、馬鈴薯烘蛋、香料煎櫛瓜、鳳梨水果茶 090 ／ 香料煎豬排、奶油醬油馬鈴薯、蒜香四季豆、百香綠 098 ／ 香菜佐鯖魚、絲瓜蛋、豆腐拌雙蔬、抹茶拿鐵 106 ／ 羅勒番茄淡菜、家常沙拉、橄欖油蒜味法棍、檸檬優格飲 114 ／ 雙層起司漢堡、酥炸拼盤、檸檬氣泡飲 122 ／ 夏季義大利麵：刺客義大利麵 130

Chapter 3 ✦ **我家的食慾之秋** 132

醬燒小卷、海苔豆腐煎、炒三絲、菱角湯 134 ／ 牛肝菌醬佐香煎鮭魚、蒜味蘑菇、緞帶紅蘿蔔、南瓜濃湯 142 ／ 古早味炸肉、雞蛋豆腐燒、金銀地瓜葉、蓮藕排骨湯 150 ／ 芝麻雞塊、肉片蓮藕炒、紅蘿蔔炒蛋、桂圓紅棗茶 158 ／ 蒜香小排、青江菜炒蛋、金沙菱角、香菇黃瓜丸子湯 166 ／ 薑汁燒肉米漢堡、野菜天婦羅、腐皮味噌湯 174 ／ 雞肉口袋餅、醋煎南瓜、紅蘿蔔濃湯 182 ／ 秋日義大利麵：蘑菇乳酪麻花捲麵 188

Chapter 4 ✦ 溫暖身心的冬日 190

奶醬洋芋雞肉、培根菠菜、香料番茄、鍋煮奶茶 192 ／ 沙茶牛肉、豆包蛋、木耳芥蘭、蘿蔔排骨湯 200 ／ 野菇鮭魚煮、起司青花菜、培根高麗菜、蛤蜊巧達湯 206 ／ 乾式牛肉咖哩、蒸野菜、蘋果茶 214 ／ 吮指香雞翅、洋蔥馬鈴薯、奶油白菜野菇、花椰菜濃湯 220 ／ 蝦仁珍珠丸、照燒杏鮑菇、蒜香菠菜、山藥雞湯 228 ／ 芥蘭牛肉炒麵、香根白玉炒、麻油薑絲豬肝湯 236 ／ 冬天義大利麵：波隆納肉醬麵 242

Chapter 5 ✦ 一鍋到底的方便料理 244

關東煮 246 ／ 雞肉飯 248 ／ 鮭魚炊飯 250 ／ 牛肉豆腐鍋 252 ／ 什錦炒米粉 254 ／ 松露野菇燉飯 256 ／ 慢燉蔬菜雞腿 258 ／ 雞肉白醬筆管麵 260 ／ 蒸蛋烏龍麵 262 ／ 香酥海鮮煎餅 263

Chapter 6 ✦ 給自己的療癒料理 264

水果鬆餅 266 ／ 炸魚薯條 268 ／ 酥脆洋芋 270 ／ 蒜辣炒飯 271 ／ 起司通心粉 272 ／ 培根辣蝦捲 273 ／ 熱煎三明治 274 ／ 燻鮭派對小點 275 ／ 蔥香起司捲餅 276 ／ 奶酒阿芙佳朵 277

【BONUS】宵夜時光 278

西班牙蒜味蝦 278 ／ 香料鷹嘴豆 279 ／ XO醬蘿蔔糕 280 ／ 鹽麴虱目魚肚 281

✦ 食材索引 | INDEX

常用器具與醬料

這邊將介紹食譜中使用的各種鍋具、廚具與醬料,包含挑選方式、使用與保養的方法。

| 常用鍋具 |

成為媽媽之後,使用的器具更講求安全與健康,所以我通常使用鐵鍋、碳鋼鍋或琺瑯鍋來料理。琺瑯鑄鐵鍋的琺瑯塗層是一種玻璃複合材質,抗酸抗腐蝕、加熱無害,而其他鍋具都是沒有塗層的,用起來比較安心,但鐵鍋類還是需要有一些小撇步才能用得更順手。

✦ 平底鍋

食譜中所標示的平底鍋可以使用鐵鍋、琺瑯鑄鐵平底鍋、碳鋼鍋或鐵板。鐵鍋類的鍋具導熱快,因此烹調起來很迅速,對於一般煎煮炒都可以發揮很好的效果。

鐵鍋、碳鋼鍋、鐵板的使用重點是放在爐上,先以中大火加熱,確定鍋熱後再放油,此時可以轉回中小火,再放入食材烹煮。

使用完之後，鐵鍋、碳鋼鍋、鑄鐵鍋（無琺瑯塗層）及鐵板可以等冷卻後洗淨，放回爐上以中小火烘乾，再滴1-2滴的食用油，以廚房紙巾抹上整個內鍋完成養鍋。琺瑯鑄鐵平底鍋的話，使用完畢，冷卻清洗完擦乾即可。

書中標示的平底深鍋為有深度的琺瑯鑄鐵鍋，除了一般煎煮炒之外，還可以放多一點油半煎炸或作為炸鍋使用，也可以多加一點水進行燜煮。標示平底鍋的菜色，使用有深度的琺瑯鑄鐵平底鍋亦可。

✦ 湯鍋

我主要使用的湯鍋有兩種，一種是有琺瑯塗層的不銹鋼鍋，一種是琺瑯鑄鐵鍋。湯品如果不需要長期間熬煮會選擇用不銹鋼鍋，如果需要燉煮的話就使用琺瑯鑄鐵鍋，這是因為鑄鐵鍋蓄熱力佳，做料理可以更加快速，直接上桌也能維持很好的熱度。

✦ 牛奶鍋

牛奶鍋容量大多不大而且有把柄，用於煮茶或一人份湯品很方便，加上煮完可以直接倒入杯中或碗中，相當好用，當然也可以用一般湯鍋或深鍋代替哦。

｜ 輔助廚具 ｜

✦ 食物攪拌棒、食物處理器

書中會使用到的食物攪拌棒、食物處理器大多是將食物打成泥（例如濃湯、絞肉等），選擇配件比較多的食物攪拌棒，可以取代食物處理器的功能，並加速備料的時間。

✦ 烤箱

烤箱主要是需要拿來炙烤料理用，烤箱料理可以有很多變化，書中有幾道料理可以用平底鍋煎，也可以放進烤箱烤。使用烤箱重點是需要預熱才會使其發揮更好的作用唷！

✦ 蒸籠

使用上最大的好處是在蒸的時候水氣會被竹子吸收，比較不會在頂端有水滴滴落在食物上。可放在比蒸籠稍大的平底深鍋、炒鍋或湯鍋中加水煮沸使用，相當簡單，使用完畢清洗完也記得要充分晾乾再收納，否則會容易發霉。如果沒有蒸籠的話，也可用電鍋代替。

其他
好用道具

✦ 密封袋

有時候買大量食材回來需要分裝，大多會使用密封袋，其中以矽膠密封袋最為實用。除了可以密封開口，讓食物有比較好的保存條件外，材質也安全，可以加熱又可以冷凍。肉品醃漬時可以直接放進矽膠密封袋中醃漬，煮好的料理也可以用矽膠密封袋分裝，從冰箱取出後直接隔水加熱、微波加熱、電鍋加熱或烤箱加熱都可以。提供一個小技巧：食材洗淨切好後放進密封袋冷藏，在週間料理時會更快速，甚至是可以將同一道菜的材料都放在同一個密封袋中。

✦ 壓蒜器

壓蒜器是需要蒜泥時的好幫手，壓蒜器會比磨泥器來的不費力一些，只要把大蒜放入凹槽中壓一下即可，大蒜也可以全數使用。

✦ 鍋鏟

家中以鐵鍋為主，因此大部分會用鐵製鍋鏟或不銹鋼鍋鏟。而琺瑯材質的鍋子怕刮，則需使用耐熱的矽膠鍋鏟或刮刀。矽膠刮刀的好處是像炒蛋或滑蛋等類型料理，可以在平底鍋中將側邊的食材刮離鍋中。

| 常用醬料 |

台式、日式、西式的調味料使用上大不相同，因此我家的調味料非常
多。選擇基本上都會看成分，盡量挑選比較天然、或成分比較單純的。
平常使用的油品也一併在這裡介紹。

✦ 油

油品的用途包括煎煮炒用、油炸、涼拌、
醃漬等。煎煮炒用的油溫不會太高，大
部分的油品都可使用。油炸用油，需要
選擇發煙點高一些以及較穩定的油品，
可以使用酪梨油或特級初榨橄欖油，不
過橄欖油味道比較重，油炸會帶有橄欖
油的味道。

酪梨油沒有什麼味道，發煙點也很高，煎煮炒炸都適用，是我家最廣泛
應用的油品。**橄欖油**可以用在於西式料理的煎炒上，或是淋在生菜上
等，當做醬料使用。**胡麻油**大多為黑芝麻製作而成，味道較重，適合煎
煮，較常用在麻油料理。**麻油**以白芝麻為原料製作而成，相較於胡麻油
味道較淡，適合用於涼拌或醬料佐料，我在醃漬時也會使用麻油。**香油**
是麻油再加上大豆油的製品，大多用在湯品提香為主。

✦ 鹽

精鹽是透過精煉過過濾雜質，會將礦物質去除，是很單純的鹹味，是市
面上最容易購買、價錢最優惠的鹽。**海鹽**是由海水蒸曬而成，含有微量
的礦物質，我平時大多使用海鹽。

✦ 糖

砂糖跟**二砂**都是由蔗糖萃取而來，是甜味的來源。我平時較喜歡使用二
砂，因為它帶有較多的蔗香。

✦ 醬油

在台式料理經常使用的**醬油**是以大豆、水以及鹽發酵而成，釀造每家配方都不盡相同，我會選擇成分最單純的無添加醬油。**甘口醬油**會帶點甜味，用於日式料理較多。**鰹魚醬油**也用於日式料理，有鰹魚的味道，口味帶一點點甜，用於沾麵、涼麵醬汁，日式丼飯等。

✦ 醋

白醋、烏醋以及巴薩米克醋都是酸味的來源。**白醋**的酸味較單一，酸味也較重，用於醬料、醃漬較多；**烏醋**味道多了一點層次，也比較柔和些，用於入菜增加一點酸氣居多；**巴薩米克醋**用於西式料理居多，可以當醬料或入菜皆可。

✦ 伍斯特醬

口味特別，帶有酸味以及多種辛香料的味道，用於西式料理調味居多。

✦ 酒

書中用到的酒為米酒以及白酒。**米酒**是台式料理不可或缺的元素，尤其拿來醃漬肉品、海鮮可以去腥。**白酒**除了可以搭餐飲用外，用於西式海鮮料理也可去腥。另外請注意，家中如果有小孩一起吃飯的話，米酒跟白酒都需省略。

✦ 味醂、味噌

味醂由糯米發酵而成，是帶有酒精成分的調味料，口味甘甜，因為有酒精成分，可以幫料理去腥，建議購買日本製的本味醂，台灣製造的大部分為味醂風調味料，是多種原料調和而成，風味、口感跟本味醂相比不大相同。**味噌**是甜中帶鹹的發酵品，書中主要用於做味噌湯，可以依照自己口味選擇品牌。

✦ 鹽麴

米、麴菌以及鹽發酵而成，主要風味是鹹中帶甘，用於醃漬肉品可使肉軟化，風味相當獨特。

✦ 香菇素蠔油

跟醬油膏較為接近，但是多了香菇的原料，使用起來會更有鮮味，可以選擇成分很單純也天然的香菇素蠔油唷！

✦ 沙茶醬

極具風味的醬料，口味較重，適合拌炒肉類或炒麵，醃漬肉片也非常好用。

✦ 奶油、鮮奶油

奶油加熱後的香氣很棒，但比較容易焦，使用時記得使用小火為佳。**鮮奶油**脂肪高，有濃郁的奶香，可以增加料理的滑順度以及香味。

✦ 粉類

太白粉在書中大部分都是拿來做勾芡使用。**麵粉**在書中大部分是拿來沾附肉品油炸，或者是放入肉餡中增加黏性。**麵包粉**在書中是拿來放進肉丸中增加黏性，平時也可當油炸食物的外衣。**玉米粉**在書中是使用拿來沾附肉品油炸。**樹薯粉**也是用拿來沾附肉品油炸，其特色是會有顆粒狀的麵衣。

✦ 沙拉醬

美乃滋在各國口味大不相同，我習慣用美式品牌或日式品牌。日式品牌的美乃滋帶點酸味，用於日式料理比較適合，美式品牌的美乃滋則是會帶一點鹹味，我做三明治比較喜歡用美式品牌的美乃滋，而台式美乃滋是帶有甜味的，平時比較不會購買，但是用於涼筍、鳳梨蝦球的話，絕對就要用台式美乃滋才對味！

千島醬是生菜沙拉常用的醬料，酸酸甜甜，主要以美乃滋為基礎，加入香料、醋、番茄等製造而成，每個廠牌風味都有點不同，在家也可以使用美乃滋加上番茄醬做成簡易的千島醬使用唷。**油醋醬**主要以橄欖油、巴薩米克醋調合而成，可再另外添加黑胡椒以及鹽，口味十分清爽。

✦ 酸黃瓜末

酸黃瓜是小黃瓜醃漬而成，在美式料理中可是不可或缺的材料，做漢堡跟製作塔塔醬時會用到。

✦ 香料類

書中所用到的香料有很多，台式料理為主的**白胡椒、花椒粉、五香粉、椒鹽粉**大多用於醃漬或提香，增加一點料理的香氣，其中白胡椒、五香粉跟椒鹽粉都帶些微的辣，花椒粉則是會帶有麻的口感。

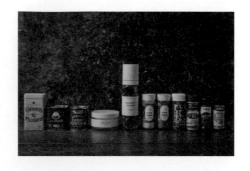

西式料理用的香料有**黑胡椒、大蒜粉、煙燻紅椒粉、義大利綜合香料、薑黃粉、咖哩綜合香料、芥末粉**，大多為醃漬、調味用。西式香料很有趣，用很多不同的香料疊加起來風味會更好。其中黑胡椒以現磨的包裝罐為佳，現磨的香氣會比較好；大蒜粉建議買粉末而不要買顆粒狀，因為粉末較好融入於料理當中；煙燻紅椒粉跟紅椒粉差異在煙燻紅椒粉煙燻的香氣比較重，其中還有分有辣款跟不辣款，可以依照個人口味選擇；義大利綜合香料用途廣泛，在煮義大利麵、濃湯、西式料理都用得到，不同品牌的義大利綜合香料也會有不一樣的配方，可以依照自己口味選擇。薑黃粉大多用於薑黃飯以及咖哩居多，帶有淡淡的辣味以及苦味；咖哩綜合香料各廠牌配方也不盡相同，可以依照個人口味選擇；書中的芥末粉也是用於肉品醃漬，可以增加特殊香氣以及淡淡的辛辣味。

✦ 起司

起司的家族非常浩大，書中使用到的是在超市容易買到的帕瑪森起司、焗烤起司絲以及莫札瑞拉起司。**帕瑪森起司**口味濃郁，用於義大利麵或西式料理居多，大多數為增加奶香以及鹹香的來源。**焗烤起司絲**大多以莫札瑞拉以及切達起司混合而成，莫札瑞拉起司口感較

軟充滿乳香，也因為它質地柔軟，加熱過後可以有很棒的延展效果，也就是披薩中的拉絲效果；而**切達起司**柔和中帶有鹹味，口感厚實，與莫札瑞拉起司混合在一起是焗烤起司絲的最佳夥伴。

✦ 番茄口味醬料

番茄家族實在是非常龐大，書中用到的有番茄醬 Ketchup、番茄泥 Tomato Puree、番茄塊罐頭 Diced Tomatos、番茄膏 Tomato Paste、義大利麵醬。

番茄醬的成分有番茄、糖、醋、鹽以及香料等，可以拿來沾醬、做漢堡的調味料、醃漬肉品等。**番茄泥**的成分比較單純，以番茄、鹽為主，主要是以番茄與鹽製造成泥製成，是比較純粹的番茄製品，用於煮義大利麵紅醬、湯品可用到。**番茄塊罐頭**的成分為番茄切塊，因為罐頭的番茄塊較軟，可以縮短料理時間，建議家中可以常備一些番茄塊罐頭使用。

番茄膏絕對是我最愛用的番茄製品了，它是番茄煮熟做成泥與鹽烘乾而成，呈膏狀，充滿濃縮番茄的美妙風味，煮義大利麵只要加一大匙就可以有濃郁的番茄風味了。常見的**義大利麵醬**有紅醬、青醬以及白醬，書中是用紅醬的義大利麵醬，主要以番茄、番茄糊、水、油、鹽以及香料製成，如果沒有時間熬煮義大利麵醬，可用義大利麵醬直接煮義大利麵，而書中使用義大利麵醬的時機是做櫛瓜披薩時，讓整體風味更豐富。

常備湯品：雞高湯

我比較常購買冷凍包裝的雞高湯，使用前一天拿到冷藏退冰就可以了，當然也可以自製雞高湯，不過需要花比較多時間熬煮。較為簡易的做法是先將雞骨架燙2分鐘濾掉雜質，再將洗淨後的雞骨架以及清水慢慢熬煮40分鐘以上，另可加洋蔥、蔬菜等帶來不同風味，熬好放涼後再分裝至冷凍即可。

品嚐
春日綠意
Spring

春天的溫度正舒適，各式蔬菜也紛紛盛產。我最喜歡去傳統市場買新鮮蘆筍，光是清炒就相當好吃了，另外還有翠綠的甜豆，作為主角單炒、或是搭配海鮮一同拌炒，滋味都很棒。就讓我們用甜豆、蘆筍和娃娃菜等嫩綠的春季蔬菜，來完成一週的晚餐風景吧！

Day 1

洋蔥雞翅、甜豆蝦仁、培根娃娃菜、銀耳甜湯

今天的主角是口味酸甜的洋蔥雞翅，在每道菜中都加入了一些春季蔬菜妝點，收尾的則是口感溫潤的銀耳甜湯。

洋蔥雞翅

雞翅是雞肉中很軟嫩的部位，不管怎麼煮都很難失敗（無誤）。這道洋蔥雞翅的調味運用了伍斯特醬，讓偏油的雞翅帶點酸味，比較解膩，很容易讓人一支接著一支享用呢！

材料

雞翅（二節翅）… 300g
洋蔥 … 100g
油 … 1茶匙
甘口醬油 … 1大匙
伍斯特醬 … 1茶匙
水 … 2大匙
白胡椒 … 適量

〈醃料〉
| 米酒 … 1大匙
| 鹽 … 1/4茶匙

作法

1　雞翅放進調理碗中，倒入〈**醃料**〉抓醃10分鐘。

2　洋蔥切絲。

3　熱鍋放油，加入洋蔥炒香。

4　待洋蔥炒軟、變得透明後，放入雞翅拌炒。

5　當雞翅表面變成金黃色，倒入甘口醬油、伍斯特醬、水、白胡椒拌勻，蓋上鍋蓋，燜煮5分鐘。

6　打開鍋蓋後轉大火，收汁至喜歡的程度後即可起鍋。

Memo

◆ 可使用三節翅或二節翅，如果是使用三節翅，建議在醃漬前先將雞翅分成棒棒腿與二節翅，以縮短之後的燉煮時間。

◆ 若家中沒有伍斯特醬，可用烏醋代替。

甜豆蝦仁

....

我喜歡自己買鮮蝦來剝殼，原因是這樣可以挑選蝦的大小，在家裡吃，大尾一點的總是過癮一些。甜豆記得要撕開側邊的粗纖維，口感才會嫩喔。

材料

甜豆 … 150g
鮮蝦 … 10尾
油 … 1大匙
大蒜 … 2瓣
水 … 1大匙
鹽 … 1/8茶匙
白胡椒 … 1/8茶匙

〈醃料〉
米酒 … 1大匙
鹽 … 1/8茶匙

作法

1 蝦子剝殼並去除腸泥後放入碗中，倒入〈醃料〉抓醃10分鐘備用。

2 甜豆洗淨後，用手剝除頭尾及側邊的粗纖維備用。

3 大蒜去皮後切末。

4 熱鍋放油。先炒香蒜末，再放入甜豆拌炒。

5 放入1大匙的水，蓋上鍋蓋，燜煮1分鐘。

6 打開鍋蓋後放入蝦仁，大火快炒至蝦子縮小變紅。

7 最後加入鹽以及白胡椒調味即可。

Memo

◆ 喜歡蝦味的人，在步驟 4 炒蒜末之前可以先用油炒剝下來的蝦殼，煉出蝦油，成品會更香！

培根娃娃菜

娃娃菜口感滑嫩，和培根快炒時可以充分吸收油脂香氣，可依自己和
家人的喜好，調整快炒時間，決定娃娃菜的口感軟硬。

材料

培根 … 2片
娃娃菜 … 3株
大蒜 … 2瓣
鹽 … 1/8 茶匙

作法

1 培根切粗絲。

2 娃娃菜洗淨後切除根部。

3 大蒜去皮後切片。

4 乾鍋熱鍋後直接放入培根，慢慢拌炒出油脂。

5 放入蒜片拌炒，接著放入娃娃菜大火快炒。

6 娃娃菜炒軟後，加入鹽調味即可。

銀耳甜湯

銀耳甜湯的口感溫潤，熱的或冰的都好喝。如果喜歡桂圓的味道，可以加入大約20g的桂圓一起煮，香味會更棒。

材料

白木耳（乾燥）… 40g
水（泡發白木耳）… 200ml
水（煮湯）… 500ml
冰糖 … 2大匙

作法

1 白木耳沖水洗淨後去除蒂頭，泡水30分鐘。

2 用廚房剪刀將泡軟的白木耳剪碎。

3 在湯鍋中放入 2，蓋上鍋蓋用中小火煮50分鐘。（如果有壓力鍋，可煮20分鐘即可。）

4 最後放入冰糖攪拌至融化即完成。

Memo
◆ 喜歡有口感的話，在銀耳泡軟後不要剪得太碎；喜歡比較像用喝的口感就可以剪碎一點，甚至是煮完可以用食物攪拌棒打勻。

西芹雞肉絲、豆腐煎餅、
奶油蘆筍、蘆筍汁

色澤、口感都迷人的蘆筍，是我心
目中最能代表春天的蔬菜之一。餐
後飲料的蘆筍汁是用口感粗糙的蘆
筍剩料做的，同一食材可以完成一
道菜和飲料。

Day2

西芹雞肉絲

這道料理使用了雞胸肉。將雞胸肉切條狀後，抓一點鹽、太白粉醃漬一下，成品口感就會相當軟嫩，太白粉會讓整盤菜帶點亮澤，視覺上也很美觀。

材料

西洋芹 … 100g
雞胸肉 … 250g
油 … 1茶匙
水 … 1大匙
鹽 … 1/8茶匙
白胡椒 … 適量

〈醃料〉
香油 … 1大匙
鹽 … 1/8茶匙
白胡椒 … 1/8茶匙
太白粉 … 1茶匙

作 法

1 雞胸肉逆紋切條狀放入盤中，倒入**〈醃料〉**醃漬10分鐘。

2 西洋芹洗淨去除較粗的纖維，斜切備用。

3 熱鍋放油，加入雞胸肉條。

4 炒至雞胸肉由粉色轉白色後，放入西洋芹拌炒均勻。

5 放入水、鹽以及白胡椒攪拌均勻後，蓋上鍋蓋燜煮2分鐘。

6 打開鍋蓋轉大火，炒至收汁即完成。

豆腐煎餅

利用重物壓住板豆腐將水分釋出，再加入雞蛋、蔬菜等煎成餅狀。豆腐煎餅的香氣絕佳，完全不輸煎肉餅，而且口感多重，微焦脆的外皮搭配軟嫩的內裡，相當好吃！

材料

板豆腐 … 1塊
蔥 … 1根
紅蘿蔔 … 20g
雞蛋 … 1顆
麵粉 … 2大匙
鹽 … 1/2茶匙
白胡椒 … 1/4茶匙

花椒粉 … 1/8茶匙
油 … 1大匙

作法

1　將板豆腐放在深盤中，上方蓋重物，壓30分鐘。

2　蔥切末、紅蘿蔔切末。

3　將去除水分的豆腐放到調理盆中，用叉子搗碎。

4　在 3 中加入蔥末、紅蘿蔔末、雞蛋、麵粉、鹽、白胡椒以及花椒粉攪拌。

5　將拌勻後的 4 捧打成團，將空氣拍出。

6　將豆腐蔬菜團均勻分成6個小團，壓成餅狀。

7　在鍋中放油加熱，放入豆腐餅煎至雙面呈金黃色即可。

Memo

◆ 板豆腐要確實壓出水，水分較少時比較容易煎成餅狀。

◆ 可用食物處理器將紅蘿蔔切得更細。

奶油蘆筍

簡單的清炒蘆筍,用一般油、橄欖油或奶油味道各有千秋。相較於清炒,奶油蘆筍多了奶油跟黑胡椒的香氣,也可以作為牛排的配菜。

材料

蘆筍 … 150g
奶油 … 15g
鹽 … 1/8大匙
黑胡椒 … 適量

作法

1 蘆筍洗淨後切除下方纖維較粗的部分(較細的蘆筍可省略削皮)。

2 去除較硬的外皮後切段。

3 平底鍋加熱後放入奶油,待奶油融化後放入蘆筍快炒。

4 轉小火後蓋上鍋蓋,燜2分鐘。

5 打開鍋蓋後,加上鹽以及黑胡椒拌勻即可。

蘆筍汁

蘆筍需要削皮以及將下方口感較為粗糙的地方切掉，剩料就可以做出蘆筍汁。一次削好，五天內使用都沒有問題。

材料

蘆筍皮和切梗 … 80g
（約三把的皮）
水 … 1000ml
冰糖 … 1大匙

作法

1 將水放進湯鍋燒開，放入蘆筍皮，用小火煮半小時。

2 加入冰糖調味，冷卻後冰至冰箱冰透即可。

Memo

◆ 蘆筍購買一次的量可以抓三把，一次處理起來，可以做兩道菜跟蘆筍汁。

Day³

蒜苗甜椒豬五花、毛豆
豆乾炒、蒜炒小松菜、
排骨玉米湯

今天是可以快速完成的料理組
合。把排骨玉米湯先丟下去
煮，再來處理三道快炒的菜，一
小時就可以輕鬆上桌！

蒜苗甜椒豬五花

蒜苗在生食時口味偏重，但加熱炒過後甜味就會徹底釋放出來，也是我經常購買的辛香料，加上肉類一起炒，會帶出很棒的香氣。

材料

豬五花 … 200g
紅甜椒 … 1/2顆
黃甜椒 … 1/2顆
蒜苗 … 2支
油 … 1茶匙
鹽 … 1/8茶匙
白胡椒 … 適量

作法

1　豬五花切薄片。怕腥的話可抓醃1大匙的米酒（分量外），醃漬10分鐘。

2　甜椒切塊、蒜苗斜切。

3　在鍋中倒入油，放入蒜苗片炒香。

4　放入豬五花片拌炒至炒熟。

5　放入甜椒塊、鹽以及白胡椒調味，炒至甜椒熟透即可。

毛豆豆乾炒

毛豆豆乾炒是一道越嚼越香的下飯料理。如果多加上絞肉和醬料，可以冷藏後作為常備菜，不論配飯或拌麵都好吃。

毛豆仁 … 1杯　　　白胡椒 … 1/8茶匙
豆乾 … 6片　　　　水 … 1大匙
大蒜 … 2瓣
辣椒 … 1/2根
油 … 1大匙
醬油 … 1茶匙
香菇素蠔油 … 1茶匙

烹調時間
10 分鐘

使用鍋具
平底鍋

常備菜

作 法

1　豆乾切丁，大小約略與毛豆一致。

2　大蒜去皮切末、辣椒去籽切圈狀。

3　在鍋中倒入油，炒香大蒜及辣椒。

4　放入毛豆仁、豆乾丁拌炒。

5　1分鐘後，倒入醬油、香菇素蠔油、白胡椒以及水拌炒。

6　炒至收汁即可盛盤。

Memo

◆　做成常備菜時除了以上調味料，可另外加入豬絞肉150g 或雞
　　丁150g，在步驟 3 炒熟即可。

蒜炒小松菜

又稱為日本油菜的小松菜口感清脆、苦澀味不重,而且冰冰箱可以保存5天左右,是主婦的好幫手。和大蒜快炒一下就很好吃囉!

材料

小松菜 … 1把
大蒜 … 2瓣
油 … 1大匙
鹽 … 1/8茶匙

作法

1 小松菜洗淨後切段。

2 大蒜去皮後切片。

3 在鍋中放入油以及蒜片炒香。

4 放入小松菜大火快炒,最後加鹽調味即可。

排骨玉米湯

···

排骨加上玉米煮成的湯品是經典台式組合,這邊使用的是傳統的甜玉米,換成水果玉米來煮也沒問題。

材料

排骨 … 300g
玉米 … 2根
水（汆燙排骨用）… 1000ml
水（煮湯用）… 1000ml
鹽 … 1茶匙

作法

1 玉米剝去外皮後切塊。

2 湯鍋放入1000ml的冷水與排骨,開火汆燙後倒掉熱水,撈出排骨。

3 在湯鍋中重新注入1000ml的水,將汆燙好的排骨放入煮滾。

4 放入玉米,蓋上鍋蓋煮20分鐘。

5 打開鍋蓋,加鹽調味即完成。

Memo

◆ 注意步驟 2 排骨須在冷水時放入。燙至排骨血水浮出後洗淨排骨即可。

醬燒雞腿串、鹽味豆腐、腐皮小松菜、豆乳豬肉湯

今晚的菜單換換口味，偏日式一點。先生推門進來的時候，忍不住想大喊いらっしゃいませ（歡迎光臨）！醬燒雞腿是很常見的料理，但只要換個樣式，居酒屋感十足。

Day4

醬燒雞腿串

醬燒雞腿串，當作配菜或下酒菜都很適合，雞腿切塊醃漬過後，用鐵串串起來，如果家中有鐵板，可以直火燒烤，如果沒有的話也可以用平底鍋直接煎熟。

材 料

雞腿排 … 2片
油 … 1茶匙
白芝麻 … 1茶匙

〈醃料〉
　醬油…1大匙
　味醂…1大匙
　洋蔥泥…1大匙
　白胡椒…1/8茶匙

烹調時間
30分鐘

使用鍋具
鐵板

作 法

1　雞腿排去除多餘的油脂後，切成容易入口的小塊。

2　將 1 放入調勻的〈醃料〉醃漬1小時。

3　醃漬好以鐵串串起，一支可串3-4塊雞肉。

4　在鍋中倒入油，用小火慢煎雞腿串，煎至每面熟透、均為金黃色即可盛盤。

5　最後撒上白芝麻即可。

Memo

◆　鐵串的好處是可以重複使用，若無鐵串也可以用竹籤代替。

鹽味豆腐

· ·

這道料理要使用板豆腐，能品嚐純粹的豆腐風味。豆腐下鍋前，記得要用廚房紙巾壓乾水分，除了比較不會被油噴到，也比較容易煎得香脆，且不易黏鍋。

材料

板豆腐 … 1塊
鹽 … 1/8茶匙
油 … 1大匙

作法

1 板豆腐切片。

2 豆腐雙面均勻撒上鹽，放置10分鐘。

3 取出豆腐，以廚房紙巾壓乾表面水分。

4 熱鍋後倒入油，放入豆腐。

5 煎到單面呈金黃色後翻面，煎至兩面均呈金黃色即可。

腐皮小松菜

腐皮小松菜的調味加入一點味噌，增添多一點點的日式風味，和這天的其他菜色搭配起來特別適合。

材料

小松菜 … 1把
腐皮 … 2片
蒜末 … 1茶匙
油 … 1大匙
味噌 … 1茶匙
水 … 1茶匙

作法

1 小松菜洗淨後切段，腐皮切條狀。

2 將味噌與1茶匙的水攪拌均勻。

3 熱鍋後放入油，下蒜末炒香後放入腐皮拌炒。

4 轉大火，放入小松菜快炒1分鐘。

5 加入味噌醬調味，攪拌均勻即可起鍋。

豆乳豬肉湯

豆乳豬肉湯單獨當作宵夜也很療癒，加上一點麵條，則可以當作一餐的主食湯麵，另外當成鍋物的基底也非常好吃！

材料

豬肉片 … 150g
新鮮香菇 … 3朵
娃娃菜 … 1株
雞高湯 … 300ml
無糖豆漿 … 400ml
味醂 … 2大匙
鰹魚醬油 … 1大匙
鹽 … 1茶匙

作法

1 香菇切片、娃娃菜對半切。

2 開火後直接放入豬肉片炒熟。

3 放入雞高湯、味醂、鰹魚醬油，用大火煮滾。

4 轉中火放入香菇、娃娃菜煮熟。

5 最後加鹽調味，並轉小火倒入無糖豆漿，微滾後即可熄火。

香煎鱸魚佐洋蔥絲、
奶油蒜味蝦、甜豆蘑菇
溫沙拉、甜椒濃湯

家裡有小朋友，海鮮類就會出現
的比較多。今天晚餐走的是西式
路線，鱸魚不論清蒸或乾煎都很
好吃，蔬菜搭配西式溫沙拉，最
後再來碗香香甜甜的甜椒濃湯。

Day5

香煎鱸魚佐洋蔥絲

鱸魚簡單撒點鹽跟黑胡椒調味，下鍋煎熟就很美味。在魚皮那面撒一點點麵粉，煎起來的口感會更香脆，煎完魚後可以用同鍋炒軟洋蔥絲作搭配。也可以用其他適合煎的魚類，如鯛魚排、鮭魚菲力做替換。

材料

鱸魚片 … 300g
洋蔥 … 1/2顆
白酒 … 1大匙
鹽 … 1/8茶匙
黑胡椒 … 適量
麵粉 … 1大匙
橄欖油 … 1大匙

作法

1　鱸魚片以白酒浸泡，雙面醃漬10分鐘。

2　洋蔥切絲。

3　將醃好的鱸魚用廚房紙巾擦乾，雙面撒上鹽跟黑胡椒，魚皮那面沾附一層薄薄的麵粉。

4　熱鍋後放入油，鱸魚皮朝下煎至金黃色後，翻面煎熟起鍋。

5　同一鍋中放入洋蔥絲炒熟即可。洋蔥絲可視口味加入少許鹽（分量外）調味。

甜豆蘑菇溫沙拉

兩道海鮮都是西式作法，蔬菜當然也來個西式的溫沙拉，主要的食材燙熟後，拌入調味料就可以輕鬆上桌！

材料

甜豆 … 80g
蘑菇 … 10朵
水煮蛋 … 1顆
小番茄 … 5顆
橄欖油 … 1大匙
海鹽 … 1/8茶匙
黑胡椒 … 適量

作法

1　甜豆洗淨後將頭尾摘除，並去除兩側較粗纖維。

2　小番茄洗淨，蘑菇用紙巾擦拭乾淨後對半切。

3　水煮蛋切兩刀成半月形，小番茄對半切。

4　將甜豆、蘑菇放進湯鍋中煮熟後，撈起瀝乾備用。

5　準備一個盤子，將甜豆放入鋪底，接著放上蘑菇、水煮蛋以及小番茄。

6　淋上橄欖油，均勻地撒上海鹽、黑胡椒即可。

Memo

◆ 也可以將所有材料以及醬料攪拌均勻後再盛盤，吃的時候比較方便。

奶油蒜味蝦

奶油跟大蒜絕對是超級好朋友，將新鮮蝦仁搭配奶油與大蒜，食用時除了配飯，也可以搭配法棍一起唷！

材料

鮮蝦
（去殼後重量）… 200g
奶油 … 15g
大蒜 … 2瓣
鹽 … 1/8茶匙
黑胡椒 … 適量

作法

1 蝦子剝殼，開背挑除腸泥；大蒜去皮後切片。

2 熱鍋放入奶油跟蒜片炒香。

3 放入蝦仁拌炒。

4 炒至蝦仁顏色轉紅略縮小時，放入鹽跟黑胡椒調味即完成。

湯 · 飲品

烹調時間
30分鐘

使用鍋具
湯鍋

搭配廚具
烤箱、食物攪拌棒

甜椒濃湯

甜椒濃湯的兩大重點是將甜椒預先烤過,接著用攪拌棒或處理器打碎,就能徹底釋放甜椒獨特的香氣。

材料

黃甜椒 … 2顆
紅甜椒 … 2顆
洋蔥 … 半顆
雞高湯 … 600ml
鮮奶油 … 1大匙
鹽 … 1/8茶匙
黑胡椒 … 1/4 茶匙

作法

1 甜椒洗淨後對半切,去除蒂頭以及籽;洋蔥去皮後去除頭尾。

2 將烤箱用180℃預熱,將切好的甜椒與洋蔥放至烤盤中烤20分鐘。

3 將甜椒、洋蔥取出,以食物攪拌棒攪成泥。

4 將甜椒洋蔥泥與雞高湯一起放進湯鍋中,用小火煮滾;放入鹽以及黑胡椒調味。

5 最後放入鮮奶油攪拌均勻後,即可關火享用。

Day6

黑胡椒牛肉、
番茄炒蛋、
上湯娃娃菜、
山藥薏仁湯

黑胡椒牛肉是鐵板牛柳的家常版，搭配同樣台味十足的番茄炒蛋和山藥薏仁湯。每道都是尋常的家庭料理，不過家家的口味都有些不一樣。

黑胡椒牛肉

· ·

黑胡椒牛肉是先生愛吃的菜,有點像是鐵板牛柳,只是少了一點奶油的濃郁感,像是家常清爽的版本,牛肉要好吃的秘訣是要先抓一點粉,這樣煮起來才會很軟嫩唷!

烹調時間
15分鐘

使用鍋具
平底鍋

快速料理

宅家定番

材料

牛肉 … 200g
洋蔥 … 70g
黃甜椒 … 35g
紅甜椒 … 35g
油 … 1大匙
黑胡椒 … 約1茶匙
鹽 … 1/8茶匙

〈醃料〉
太白粉 … 2茶匙
醬油 … 1茶匙
米酒 … 1茶匙
香油 … 1茶匙

作法

1　牛肉切長塊狀，放入碗中用〈**醃料**〉抓醃30分鐘備用。

2　洋蔥與甜椒切絲。

3　熱鍋先放1/2大匙的油；放入牛肉大火快炒至七分熟撈起。

4　接著換一個乾淨的鍋，放入1/2大匙的油，將洋蔥炒至透明。

5　放入牛肉、甜椒絲大火快炒30秒，最後放入黑胡椒、鹽調味即可起鍋。

番茄炒蛋

番茄炒蛋各家的口味不同，我的家常口味是加入少許番茄醬跟白醋，酸味多一些，雞蛋也是比較偏向滑蛋的感覺，讓番茄跟雞蛋可以融合在一起。

材料

牛番茄 … 2顆　　　　番茄醬 … 2大匙
雞蛋 … 3顆　　　　　白醋 … 1茶匙
大蒜 … 2瓣　　　　　鹽 … 適量
蔥綠 … 1大匙
油 … 2大匙
水 … 1大匙

烹調時間
20分鐘

使用鍋具
平底鍋

簡易料理

作法

1　牛番茄洗淨後在尾端劃上十字，放進滾水燙30秒，取出後泡一下冰水去皮備用。

2　牛番茄待涼後切塊。

3　雞蛋打入碗中攪拌均勻。

4　大蒜去皮切末。

5　熱鍋放入1大匙的油，倒入蛋液拌炒至七分熟、有點凝固狀後取出。

6　在同一鍋中倒入1大匙的油以及蒜末炒香。

7　放入牛番茄拌炒，放入1大匙水，燜煮3分鐘。

8　放入 5 的滑蛋、番茄醬以及白醋，轉大火快炒30秒後，撒上蔥綠即可起鍋。

Memo

◆ 喜歡醬汁多一些的話，在步驟 7 可以多加2匙水一同燜煮。

上湯娃娃菜

預先準備好冷凍的雞湯,在調味蔬菜時也很好用。娃娃菜吸附了雞湯的醇厚和干貝的海味,相當鮮甜。

材料

娃娃菜 … 4株
雞湯 … 200ml
薑片 … 2片
干貝 … 3顆
鹽 … 1/8茶匙
油 … 1茶匙

作法

1 娃娃菜洗淨後對半切。

2 干貝切片狀(一塊約切4片)。

3 熱鍋放入油,炒香薑片後,放入娃娃菜拌炒。

4 加入雞湯煮滾後放入干貝煮熟。

5 加入鹽調味即可起鍋。

山藥薏仁湯

山藥切成大塊燉煮，吃起來綿綿鬆鬆的，加入台灣產的紅薏仁增加彈牙口感，整體感覺相當清爽，連不愛雜糧的先生都會忍不住喝兩碗呢。

材料

山藥 … 300g
紅薏仁 … 40g
薑片 … 4片
雞高湯 … 600ml
鹽 … 1茶匙

作法

1 山藥削皮後切塊。

2 紅薏仁洗淨後泡水3小時。

3 在湯鍋中放入紅薏仁、薑片、雞高湯用中火煮滾後，蓋上鍋蓋轉小火煮30分鐘。

4 打開鍋蓋放入山藥再繼續煮10分鐘，最後加入鹽調味即可。

蘑菇牛肉丸、櫛瓜蛋披薩、
帕瑪森蘆筍、野莓果汁

今天是會讓孩子歡呼的菜單，蘑菇
牛肉丸雖然稍微費工一點，但多做
一些，還可以之後再作變化使用。
自家製的野莓果汁顏色很美，讓人
想像起春天陽光下的森林野餐。

Day 7

蘑菇牛肉丸

蘑菇牛肉丸可以當作主菜，也可以搭配義大利麵。假日可以一次多做一些冰起來，下一餐放進深盤中，撒上起司做焗烤，又是一道滋味不同的菜。

烹調時間
70 分鐘

使用鍋具
平底鍋

宴客料理

宅家定番

材料 （12個份）

〈牛肉丸餡料〉

牛絞肉 … 300g

洋蔥 … 1/2顆

大蒜 … 兩瓣

雞蛋 … 1顆

黑胡椒 … 1/8大匙

義大利綜合香料 … 1/4大匙

鹽 … 1/8茶匙

麵包粉 … 2大匙

麵粉 … 1大匙

橄欖油 … 1大匙

蘑菇 … 12朵

雞高湯 … 200ml

番茄塊罐頭 … 1/2罐

黑胡椒 … 1/8大匙

義大利綜合香料 … 1/4大匙

鹽 … 1/8茶匙

百里香 … 1根

作法

1　洋蔥與大蒜去皮切末。

2　蘑菇擦淨後切片。

3　將牛絞肉放進調理盆中，放入〈**牛肉丸餡料**〉的所有材料，攪拌並摔打出黏性。

4　將 3 捏成丸狀。

5　平底鍋熱鍋，放入油，油熱後放入牛肉丸，煎至金黃色後取出。

6　在原鍋中放入蘑菇拌炒，倒入高湯、番茄塊罐頭、黑胡椒、義大利綜合香料、鹽以及百里香。

7　燉煮20分鐘即可起鍋享用。

櫛瓜蛋披薩

這絕對是能讓小孩多吃蔬菜的美味餐點，利用櫛瓜跟雞蛋做成餅狀後加上配料、撒起司焗烤，就很像披薩囉！除了這裡用的海鮮，也可用喜歡的配料，使用現成的綜合海鮮料也很方便！

材料

〈餅皮〉

| 櫛瓜 … 1條
| 雞蛋 … 1顆
| 麵粉 … 1大匙
| 義大利綜合香料 … 1/8茶匙
| 橄欖油 … 1大匙

義大利麵醬 … 1大匙
蝦仁 … 50g
透抽圈 … 50g
焗烤起司絲 … 1杯
黑胡椒 … 1/8茶匙

烹調時間
55分鐘

使用鍋具
平底鍋

搭配廚具
烤箱

宅家定番

作法

1　櫛瓜洗淨，去除頭尾用刨絲器刨成絲，並且放進紗布中擠壓一下釋放出水分。

2　準備一個調理盆，放入櫛瓜絲、雞蛋、麵粉以及義大利綜合香料攪拌均勻。

3　蝦仁和透抽圈在鍋中先炒至半熟備用。

4　熱鍋後倒入油，放進2的櫛瓜餅皮煎2-3分鐘。

5　翻面再煎2-3分鐘，即可起鍋至烤盤上。

6　在餅皮上抹上薄薄一層義大利麵醬，均勻地放上蝦仁以及透抽，並鋪上焗烤起司絲。

7　烤箱預熱180℃，將櫛瓜蛋披薩放入烤15-20分鐘。

8　取出櫛瓜蛋披薩後，撒上黑胡椒即可享用。

Memo
- 家用烤箱有時火力較弱，海鮮料預先炒過可以減少出水的狀況發生，尤其如果是從冷藏或冷凍取出直接使用的時候。

帕瑪森蘆筍

春天盛產的蘆筍和奶油、起司等都是絕佳組合,如果能使用整塊的帕瑪森起司現磨成起司粉,香味會更好！

材料

蘆筍 … 150g
橄欖油 … 1大匙
帕瑪森起司 … 15g
海鹽 … 1/8茶匙
黑胡椒 … 適量

作法

1 蘆筍洗淨後切除下方纖維較粗的部分,並將下半部四分之一處削皮。

2 在鍋中放入橄欖油以及蘆筍慢煎,至蘆筍變油亮後撒上海鹽調味。

3 撒上一半的帕瑪森起司,攪拌均勻後起鍋盛盤。

4 撒上剩餘的帕瑪森起司以及黑胡椒即可。

野莓果汁

野莓果汁使用了春天還有機會找到的草莓跟進口藍莓,也可以使用冷凍莓果。直接喝就有莓果淡淡的甜味了,家裡有比較嗜甜的成員可以再加入一點蜂蜜。

材料

綜合莓果 … 400g
水 … 300ml
蜂蜜(可省略)… 2大匙

作法

1 將所有材料用食物攪拌棒或果汁機打碎即可。

Memo
◆ 如果喜歡滑順的口感,可過濾後再喝。

橄欖油蒜味義大利麵

義大利麵在我心裡是有著崇高無上的地位。彈牙的口感，又有各種形式的麵條，搭配不同醬料，就創造出不同風味與口感。在春天，我最喜歡吃單純的橄欖油蒜味義大利麵，材料非常簡單，只有橄欖油、大蒜、義大利麵、黑胡椒以及鹽而已，喜歡吃大蒜的朋友絕對會愛啊！連有著很台的胃的先生都很喜歡呢。

材料 （二人份）

義大利麵（spaghetti）… 180g
大蒜 … 35g
橄欖油 … 3大匙
黑胡椒 … 1/8茶匙
海鹽（煮麵用）… 1大匙
海鹽（拌炒用）… 1/4茶匙

烹調時間
25分鐘

使用鍋具
平底鍋

簡易料理

宅家定番

作法

1　煮一鍋滾水，加1大匙鹽，將義大利麵放入並依照包裝上指示
　　時間烹煮，煮熟後撈起。

2　大蒜去皮後切片。

3　鍋中放入橄欖油以及大蒜，炒至蒜片呈金黃色。

4　放入煮熟的義大利麵，拌炒30秒後加入黑胡椒以及鹽調味，
　　即可起鍋。

Memo

◆ 這道橄欖油蒜味義大利麵口感偏乾，如果喜歡濕潤口感的
　話，可以在放進義大利麵拌炒時，加入半杯煮麵水一起炒；
　喜歡吃辣的朋友可以在炒大蒜時加入辣椒。

清爽的
夏日餐桌
Summer

夏天天氣炎熱，大家的胃口通常不太好，因
此在菜色上會挑選比偏西式或口味較酸的料
理，有時也會以麵包類作為主食，讓餐桌有
更多變化。而夏天當季的蔬菜以瓜果類為大
宗，因此，小黃瓜、絲瓜還有苦瓜，都是夏季
餐桌上的常客。

Day 1

塔塔雞腿排三明治、
涼拌番茄、小黃瓜氣泡水

三明治輕食是夏天餐桌的常客。塔塔雞腿排三明治香脆又爽口,小番茄加上藍莓口味充滿驚喜,再以清涼的小黃瓜氣泡水取代熱湯,是做起來很快又讓人食指大動的一餐!

塔塔雞腿排三明治

有時夏天不想吃飯，來份三明治也挺不錯的。塔塔雞腿排三明治將皮煎得香脆，搭上水煮蛋為基底的塔塔醬和一點生菜，相當爽口。小胃口的人可以把材料減半，兩個人分著吃哦！

材料

雞腿排 … 2塊　　　〈塔塔醬〉
麵粉 … 1大匙　　　　水煮蛋 … 1顆
鹽 … 1/8茶匙　　　　美乃滋 … 2大匙
油 … 1茶匙　　　　　洋蔥末 … 1大匙
吐司 … 4片　　　　　酸黃瓜末 … 1大匙
高麗菜絲 … 1杯　　　煙燻紅椒粉（辣）… 1茶匙

烹調時間
30分鐘

使用鍋具
平底鍋

宅家定番

作法

1　將雞腿排從冷藏取出，用廚房紙巾壓乾表面水分，雙面均勻地撒上鹽以及麵粉。

2　取一大碗，放入剝殼切碎的水煮蛋、美乃滋、洋蔥末、酸黃瓜末、煙燻紅椒粉拌勻，完成塔塔醬。

3　熱鍋放油，將雞腿排皮朝下放入鍋中，以小火煎3-5分鐘。

4　翻面再煎5分鐘至熟透即可取出。

5　在盤子中放上吐司，依序疊上高麗菜絲、煎好的腿排，並抹上塔塔醬。

6　再覆蓋上另一片吐司就完成了。

Memo

◆ 如果天氣太熱不想碰火，雞腿排也可以用烤的！請將烤箱以180℃預熱，烤20-30分鐘即可（每家烤箱火力不同，請視烤箱火力增減時間）。

涼拌番茄

涼拌番茄是我在夏天常做的料理，使用牛番茄或小番茄都可以，食譜中加了一些新鮮的香草並搭配藍莓，吃起來味道更豐富！

材料	作法

材料

小番茄 … 200g
藍莓 … 100g
巴西里
(義大利香芹) … 5 片
海鹽 … 1/8 茶匙
橄欖油 … 1 大匙
黑胡椒 … 1/8 茶匙

作法

1 小番茄洗淨後切適口大小。

2 藍莓洗淨瀝乾。

3 巴西里洗淨後切絲。

4 將前述食材放進調理盆中，放入海鹽、橄欖油以及黑胡椒拌勻後即可盛盤。

Memo

◆ 巴西里可以用其他新鮮香草代替，像羅勒葉也非常適合。若手邊沒有新鮮的香草，用乾燥香料也沒問題。

小黃瓜氣泡水

常在美劇中看到主角們在喝小黃瓜水，有一次試著做出氣泡水版本，沒想到真的非常好喝！清爽透涼的口感，非常適合夏天飲用唷。

材料

小黃瓜 … 1/2 條
氣泡水 … 600ml

作法

1 小黃瓜洗淨後用削皮刀削出薄片狀，放入杯中。

2 將氣泡水放進杯中靜置5分鐘，即可享用。

Day2

糖醋肉、絲瓜炒蛋絲、
豬肉苦瓜炒、蛤蜊湯

酸酸甜甜的糖醋肉、苦中帶甘的苦
瓜和清爽的絲瓜、蛤蜊湯，一起組
成今天的夏日晚餐。比起口感濃郁
厚重的料理，更能激起食欲。

家常糖醋肉

我非常喜歡糖醋肉，只要自助餐有糖醋排骨一定會夾！在家不想油炸，可以改用易煮的肉絲、省去勾芡。這道食譜不但作法簡易，調味上接受度也很高，請一定要試試看呀！

材料

豬肉絲 … 200g
小黃瓜 … 1條
甜椒 … 1/2顆
大蒜 … 2瓣
油 … 1大匙
醬油 … 1茶匙
番茄醬 … 2大匙
白醋 … 1大匙
二砂 … 1茶匙

〈醃料〉
醬油 … 1茶匙
米酒 … 1/2茶匙
香油 … 1/8茶匙
太白粉 … 1大匙

烹調時間
20分鐘

使用鍋具
平底鍋

簡易料理

作法

1　將豬肉絲用醃料抓醃30分鐘。

2　小黃瓜切片狀；甜椒切絲備用；大蒜去皮後切片。

3　鍋中放入油以及蒜片炒香，接著放入豬肉絲拌炒。

4　豬肉絲炒至表面發白後，加入甜椒拌炒。

5　放入醬油、番茄醬、白醋以及二砂炒勻，加入小黃瓜炒1分鐘
　　即可起鍋。

Memo

◆ 肉絲的醃料有太白粉，能讓豬肉絲口感軟嫩，用量稍微多
　一點，可以讓整道菜不用額外勾芡也呈現濃稠的光澤感。

絲瓜炒蛋絲

這道料理的絲瓜只取靠近皮的綠色部分，白色的果囊保留一點點，口感比較爽脆，加上蛋絲一起炒，可以享受兩種不同的口感。

材料

絲瓜 … 1條
雞蛋 … 2顆
大蒜 … 1瓣
香菇素蠔油 … 1大匙
白胡椒 … 適量
油（煎蛋用）… 1/2大匙
油 … 1/2大匙

烹調時間
35分鐘

使用鍋具
平底鍋

簡易料理

宅家定番

作法

1 絲瓜削皮，將白色果囊用湯匙取出不用。

2 將絲瓜切絲，大蒜去皮切末。

3 雞蛋打入碗中攪拌均勻。

4 熱鍋倒入1/2大匙的油，加入蛋液。

5 下方那一面凝固後翻面煎成薄薄的蛋皮，起鍋待涼後將蛋皮捲起來切絲。

6 同一鍋中放入1/2大匙的油以及蒜末炒香。

7 放入絲瓜絲拌炒，炒至顏色轉為透亮綠色後放入雞蛋絲、香菇素蠔油以及白胡椒拌炒後即可起鍋。

Memo

◆ 這道料理拿來拌麵也非常好吃，非常適合作為夏天的午餐！

豬肉苦瓜炒

這道料理我也非常喜歡，使用了幾種口感爽脆的夏日蔬菜，調味上加入很常使用的伍斯特醬，增加一點酸氣，也超級下飯！

材料

綠苦瓜 … 1/2 條
豬五花肉片 … 100g
綠豆芽 … 50g
大蒜 … 1 瓣
油 … 1 茶匙
鹽 … 1/8 茶匙
伍斯特醬 … 1 茶匙
白胡椒 … 少許

作法

1　將綠苦瓜切開後去除內部的籽以及白膜，切成薄片。如果很怕苦味，可先用滾水汆燙苦瓜。

2　大蒜去皮切末，綠豆芽洗淨瀝乾備用。

3　在鍋中放入油以及蒜末炒香後，放入豬肉片快炒至七分熟。

4　放入苦瓜片拌炒2分鐘左右，加入綠豆芽。

5　將所有食材炒熟後轉大火，加入鹽、伍斯特醬以及白胡椒調味拌勻即可。

蛤蜊湯

······················

清爽又鮮甜的蛤蜊湯是夏天比較容易喝得下的湯品，吐沙所需的時間可以請教購買的店家，依照蛤蜊的情況會不太一樣哦。

材料

蛤蜊 … 600g
薑 … 20g
水 … 1000ml
鹽 … 適量
香油 … 數滴

作法

1 將蛤蜊放入鹽水中吐沙2小時。

2 將鹽水倒掉，輕輕將蛤蜊殼清洗後備用。

3 在湯鍋中注入水以及薑絲煮滾，放入蛤蜊蓋上鍋蓋。

4 轉大火約1-2分鐘、待蛤蜊開口後，掀開鍋蓋放入鹽以及香油調味即可。

香檸雞肉、馬鈴薯烘蛋、香料煎櫛瓜、鳳梨水果茶

夏天的料理，用檸檬調味最適合了！這餐是偏西式感的料理，馬鈴薯烘蛋和香料煎櫛瓜也是家人們很喜歡的菜色。搭配酸酸甜甜的鳳梨水果茶，暑氣全消！

Day3

香檸雞肉

先生最不喜歡檸檬入菜了，因為外食的檸檬雞腿排或檸檬豬排，調味上加了不少糖，口感偏甜。自家的口味可以調整，這道強調檸檬的清香微酸，開胃又好吃，連先生也讚不絕口！

材料

雞腿肉 … 300g
檸檬 … 1顆
油 … 1茶匙
大蒜 … 2瓣
新鮮百里香 … 1枝
白酒 … 1大匙
海鹽 … 1/8茶匙

〈醃料〉
白酒 … 1茶匙
鹽 … 1/8茶匙

烹調時間
25分鐘

使用鍋具
平底鍋

簡易料理

作法

1　雞腿肉切小塊，放醃料抓醃30分鐘。

2　大蒜去皮後切末；將百里香葉片取下備用。

3　檸檬可先用刨刀將皮刨下，接著將檸檬切半榨汁10ml備用。

4　鍋中放入油以及蒜末炒香，放入雞腿塊拌炒。

5　雞腿肉表面發白後，放入白酒、百里香蓋上鍋蓋燜煮5分鐘。

6　最後放入檸檬汁、鹽調味拌炒均勻，撒上檸檬皮即可盛盤。

Memo

◆ 如果沒有新鮮的百里香，也可用1/2小匙的乾燥百里香代替。

馬鈴薯烘蛋

身為澱粉愛好者，有馬鈴薯的料理當然全都是極品等級的存在。這道馬鈴薯烘蛋做法和材料都很基本，大家也可以變換成自己喜歡的食材來放唷。

材料

馬鈴薯 (中型) … 1顆
洋蔥 (中型) … 1/2顆
雞蛋 … 2顆
橄欖油 … 2大匙
鹽 … 1/8茶匙

作法

1　雞蛋打入碗中攪拌均勻。

2　馬鈴薯削皮後切薄片。

3　洋蔥切細絲。

4　在鍋中放入橄欖油以及洋蔥，待洋蔥炒軟後放入馬鈴薯拌炒。

5　馬鈴薯炒至有點透明後加入鹽調味。

6　倒入蛋液煎3分鐘後，翻面煎熟即可。

Memo

◆ 這道菜用油的量需要多一點，大約蓋到馬鈴薯的一半，若不夠可再多加一些橄欖油。

◆ 也可以在步驟 4 的馬鈴薯炒 1 分鐘後倒入蛋液，放入已預熱180℃的烤箱烤12分鐘。

香料煎櫛瓜

第一次吃到櫛瓜是在義大利。那天去朋友家作客,朋友的媽媽做了許多義大利家常菜,其中一道就是香料煎櫛瓜。櫛瓜口感溫潤,切成薄片用橄欖油煎,簡單的調味就非常美味。

材料

櫛瓜 … 1條
橄欖油 … 1大匙
義式綜合香料
… 1/4茶匙
海鹽 … 1/8茶匙

作法

1 櫛瓜洗淨後切除頭尾,切成厚度約2-3mm的薄片狀。

2 鍋中放入橄欖油,倒入櫛瓜片拌炒。

3 炒熟後加入義式綜合香料以及海鹽調味,拌勻後即可取出盛盤。

鳳梨水果茶（無咖啡因）

鳳梨水果茶作法簡單，喝起來涼爽又順口，非常適合夏天飲用，喜歡酸酸甜甜的飲料絕對不要錯過！

材料

鳳梨 … 200g
柳橙 … 2顆
水 … 300ml
糖 … 1茶匙

作法

1 鳳梨切丁。

2 柳橙榨汁。

3 將鳳梨、柳橙汁、水以及糖放入湯鍋中煮10分鐘。

4 將 3 用食物攪拌棒或果汁機打碎後即可飲用。

Memo
◆ 喜歡滑順口感的話，可以過濾後再喝唷！

Day4

香料煎豬排、奶油醬油馬鈴薯、蒜香四季豆、百香綠

香料煎豬排和奶油醬油馬鈴薯都是超級下飯的料理，搭配上可以快速上桌的四季豆就是豐盛的一餐。今天又是以飲料代替湯的一天了，夏天就是想要來點涼的啊！

香料煎豬排

豬排大多是醃漬醬油、米酒與大蒜等來煎吧,香料煎豬排則是比較西式的口味,運用了多種香料像大蒜粉、煙燻紅椒粉、百里香以及黑胡椒等,喜愛多層次香料的話請務必一試!

烹調時間
20 分鐘

使用鍋具
平底鍋

宴客料理

宅家定番

材料

豬里肌 … 3片
奶油 … 10g
橄欖油 … 1茶匙

〈醃料〉

　大蒜粉 … 1茶匙
　煙燻紅椒粉 … 1茶匙
　百里香 … 1/8茶匙
　迷迭香 … 1/8茶匙
　黑胡椒 … 1/8茶匙
　海鹽 … 1/8茶匙

作法

1　準備一個小碗放入所有〈**醃料**〉攪拌均勻。

2　豬里肌斷筋後，用廚房紙巾壓乾表面水分，均勻地裹上 1 的醃料粉。

3　在鍋中放入橄欖油，將豬排放入。

4　煎2-3分鐘後放入奶油，翻面煎至肉熟即可。

Memo

◆ 豬里肌肉片若是0.5cm 的薄片可用中火煎，雙面約各煎1-2分鐘就可起鍋，如果肉片厚度超過1cm，可以用中小火慢煎讓中心熟透，每一面約需3-5分鐘。

◆ 醃料粉可以按比例，直接做一罐保存，做西式煎肉或烤肉都可以使用唷。

奶油醬油馬鈴薯

奶油醬油口味絕對是我的最愛之一。這個口味有點中西合壁，不論搭配根莖類或肉類都很適合，尤其和容易吸湯汁的馬鈴薯超搭，一起來做做看吧！

烹調時間
25 分鐘

使用鍋具
平底鍋

簡易料理

宅家定番

材料

白玉馬鈴薯 … 5顆
蒜末 … 1茶匙
奶油 … 20g
醬油 … 1.5大匙

作法

1　將白玉馬鈴薯洗淨，用水煮15分鐘後撈起。

2　在鍋中開小火放入奶油以及蒜末，待奶油融化、蒜香出來後
放入馬鈴薯煎1分鐘。

3　用壓肉板或鑄鐵鍋等重物壓扁馬鈴薯，再各煎2分鐘。

4　翻面倒入醬油，接著雙面再各煎1分鐘即可。

Memo

◆　白玉馬鈴薯通常個頭很小、和雞蛋差不多，外皮很薄可以食
用，煮透後放到煎鍋可以輕鬆壓扁。如果買到比較大一點
的，可以水煮完切對半下去煎。

蒜香四季豆

一年四季都能買到的「四季豆」，比起葉菜類更耐保存，料理方式也很簡單。沒有太多時間去市場或超市採買時，是很適合在冰箱常備的蔬菜好幫手。

材料

四季豆 … 150g
大蒜 … 2瓣
油 … 1茶匙
鹽 … 1/8茶匙

作法

1 四季豆洗淨，摘除頭尾以及側邊較粗纖維後切段。

2 大蒜切末。

3 開中火，在鍋中倒入油以及蒜末炒香。

4 放入四季豆拌炒至熟透後加鹽調味，即可起鍋。

百香綠

飲料店的知名品項也能自己在家中輕鬆調配出來，用蜂蜜而非砂糖，甜味會更溫和些，甜度冰塊當然也可以自由調整。

材料

百香果原汁 … 200ml
綠茶 … 600ml
蜂蜜 … 30ml
冰塊 … 1杯

作法

1 將百香果汁、綠茶以及蜂蜜放進雪克杯中，搖晃均勻。

2 將冰塊放入杯中，倒入百香綠茶即可。

Memo

◆ 用百香果原汁的話會有百香果的顆粒，不喜歡口感的話可以搖完後過濾一次。

Day 5

香菜佐鯖魚、絲瓜蛋、
豆腐拌雙蔬、抹茶拿鐵

今天的餐桌綠意滿滿，有時用顏色
來做搭配也蠻有趣的呢！鯖魚有多
種料理方式，加上香菜的版本很清
爽；另外兩道料理分別運用到了夏
天常見的絲瓜和苦瓜，在口感上做
出變化。

香菜佐鯖魚

. . . .

這道料理的精華是以香菜為主角的佐料，無鹽鯖魚只需乾煎即可。另外，這裡的香菜佐料也蠻適合搭配其他肉類料理，辣椒已經去籽不會太辣，主要是配色和增添一點香氣。

材料

無鹽鯖魚 … 1 片
油 … 1 大匙

〈醃料〉
| 米酒 … 1 茶匙

〈佐料〉
香菜 … 1 株
大蒜 … 1 瓣
蔥 … 1/2 根
辣椒 … 1/4 根
糖 … 1 茶匙
醬油 … 1 茶匙
魚露 … 1 大匙
飲用水 … 1 茶匙

作法

1　將無鹽鯖魚雙面淋上〈醃料〉的米酒去腥。

2　香菜洗淨後切末；大蒜去皮後切末；蔥洗淨後切末。

3　辣椒洗淨後去籽切末。

4　準備一個小碗，放入香菜末、大蒜末、蔥末、辣椒末、糖、醬油、魚露以及水攪拌均勻。

5　平底鍋開中火放入油，將鯖魚用廚房紙巾壓乾表面水分後皮朝下、下鍋煎。

6　看魚肉邊緣發白後翻面，煎至金黃色即可起鍋盛盤。

7　將 4 的佐料淋在魚上即可。

Memo

◆ 煎魚的小技巧是下鍋前要將魚身上的水分壓乾，這樣會比較不沾或是噴油。若喜歡比較酥脆的外皮，可以另外沾一點麵粉下去煎。

絲瓜蛋

絲瓜和雞蛋是絕佳組合,前面的絲瓜炒蛋絲強調清脆口感,這道絲瓜蛋則是將絲瓜切成片狀,沾上麵粉和蛋液來煎,吃起來水分豐富、滿溢著蛋香,口感以及香味都非常棒。

絲瓜 … 1/2 條
雞蛋 … 1 顆
麵粉 … 2 大匙
鹽 … 1/8 茶匙
白胡椒 … 1/8 茶匙
油 … 1/ 大匙

烹調時間
25 分鐘

使用鍋具
平底鍋

作 法

1 絲瓜削皮後切0.5公分薄片。

2 雞蛋打入碗中，放入鹽、白胡椒一同攪拌均勻。

3 將絲瓜雙面沾附麵粉後再沾上蛋液。

4 開中火放入油，將絲瓜片放入，煎至金黃色後翻面。

5 再將另一面也煎至金黃色即可取出。

Memo

◆ 因為絲瓜容易出水，記得要先沾附麵粉再沾蛋液，蛋皮比較不易脫離。

豆腐拌雙蔬

這道帶著鰹魚醬油香氣的豆腐拌雙蔬偏向涼拌菜,將蔬菜汆燙好後,放入鰹魚醬油跟豆腐,口感有蔬菜的爽脆也有豆腐的嫩,很適合夏天。

材料

四季豆 … 100g
苦瓜(綠、白均可)
… 100g
嫩豆腐 … 1/4塊
鰹魚醬油 … 1大匙
水 … 1茶匙
白芝麻 … 1大匙
香油 … 數滴

作法

1 四季豆洗淨後摘除頭尾、側邊纖維後斜切。

2 苦瓜去籽與白色薄膜後切薄片。若手邊正好有白、綠苦瓜,可以各用一半。

3 準備一個湯鍋,放入水煮滾。加入四季豆以及苦瓜,汆燙1分鐘後撈起。

4 嫩豆腐放入調理盆中用湯匙輕輕壓碎,接著放入所有其他材料,稍微拌勻後即可盛盤。

抹茶拿鐵

有著清楚白綠分層的抹茶拿鐵漂亮極了，前一陣子在台灣手搖店也相當熱門。只要準備抹茶粉，在家也可以輕鬆做出來哦！

材料（一杯份）

抹茶粉 … 1/2 茶匙
飲用水 … 1 大匙
鮮奶 … 250ml
糖 … 1/2 大匙
冰塊 … 10 顆

作法

1 鮮奶與糖放入鍋中煮至糖融化即可取出（溫熱狀態）待涼。

2 抹茶粉放在杯中，加入水攪拌均勻。

3 準備一個有高度的玻璃杯，放入冰塊、鮮奶後，再輕輕倒入抹茶即可。

Memo

◆ 將抹茶細心地淋在冰塊上方，比較容易做出漂亮的漸層效果。

Day6

羅勒番茄淡菜、
家常沙拉、
橄欖油蒜味法棍、
檸檬優格飲

我很喜歡用番茄搭配海鮮入菜。今天的主角是口味偏重一點點的羅勒番茄淡菜，所以用家常沙拉以及用橄欖油煎過的蒜味法棍做搭配，分量做多一些的話，也非常適合宴客。

羅勒番茄淡菜

夏日是馬祖淡菜的季節，當然要好好趁機大快朵頤一番。用番茄與羅勒燉煮出香味後，再搭配新鮮的淡菜一起煮，風味絕佳，也很適合搭配義大利麵或麵包一起享用。淡菜煮熟已有鹹味，不用再加鹽喔。

淡菜 … 1.2kg
大蒜 … 2瓣
羅勒葉 … 10片
巴西里（義大利香芹）… 5片
橄欖油 … 2大匙
奶油 … 10g
番茄塊罐頭 … 1罐
白酒 … 1杯
黑胡椒 … 1/8茶匙

烹調時間
30分鐘

使用鍋具
鑄鐵鍋

宴客料理

作法

1　淡菜洗淨去除表殼上的鬚鬚備用。

2　大蒜去皮切末；羅勒葉切絲；巴西里切末。

3　在鑄鐵鍋中放入橄欖油、蒜末炒香。

4　加入番茄塊、白酒、黑胡椒煮滾後繼續煮3分鐘。

5　加入淡菜以及羅勒葉，煮至淡菜開殼後再煮2分鐘，放入奶油
　　跟巴西里攪拌後即可上桌。

Memo

◆ 這道菜可以當作開胃菜或主菜，甚至加點義大利麵條，也
　可以成為很棒的義大利麵料理。

家常沙拉

這道家常沙拉使用了一般比較好取得的食材,當然也可以依照手邊現有的食材做變換,或加上雞肉等喜歡的配料唷!

材料

美生菜 … 5片
牛番茄 … 1/2顆
小黃瓜 … 1/2條
水煮蛋 … 1顆
千島醬 … 1大匙

作法

1 美生菜洗淨後瀝乾,用手撕小塊備用。

2 牛番茄洗淨後切塊。

3 小黃瓜洗淨後切薄片。

4 水煮蛋切兩刀成四塊。

5 將美生菜、牛番茄、小黃瓜以及水煮蛋放置盤中,淋上千島醬即可。

橄欖油蒜味法棍

市售的法國長棍麵包，搭配橄欖油稍微煎過後抹上蒜汁非常香，從早餐麵包搖身一變成為搭配主食。

材料

法國長棍 … 1/3 條
橄欖油 … 1 大匙
大蒜 … 1 瓣

作法

1 長棍麵包切片備用。

2 大蒜剝皮後切半備用。

3 將長棍切片放進鍋中，均勻地淋上橄欖油，煎至有點金黃色後即可起鍋。

4 以切半大蒜在麵包表面上抹上蒜汁即可。

檸檬優格飲

檸檬汁可以做出很多不同的變化，同時因為口味偏酸，在食慾不振的
時候特別開胃，因此也是我家夏日餐桌的常客。

材料

優格 … 250ml
鮮奶 … 250ml
檸檬汁 … 20ml
蜂蜜 … 10ml

作法

1 將優格、鮮奶、檸檬汁以及蜂蜜放入果汁機中。

2 用食物攪拌棒或果汁機打10秒後即可倒入杯中
　飲用。

Day 7

雙層起司漢堡、
酥炸拼盤、檸檬氣泡飲

漢堡是很棒的宴客料理，不但外型華麗，像漢堡肉、生菜、番茄、起司等配料也可以隨著賓客的喜好特製多一點或少一些，加上炸物等一起上桌，既方便也很好看。

雙層起司漢堡

漢堡排若純用豬絞肉會太油,所以加入一半的牛絞肉,肉香也會更棒。食譜中的份量可以做出四塊偏厚的漢堡排,如果做單層的話,只要多準備麵包和配料,就可以做出四份漢堡唷!

材料 （2個份）

〈漢堡排〉
牛絞肉 … 200g	美生菜 … 6片
豬絞肉 … 200g	番茄片 … 6片
麵包粉 … 1/2杯	洋蔥絲 … 10g
蒜泥 … 1大匙	起司片 … 4片
蛋 … 1顆	黃芥末 … 適量
海鹽 … 1/2茶匙	番茄醬 … 適量
油 … 1茶匙	漢堡麵包 … 2顆

烹調時間
60分鐘

使用鍋具
鐵板

宴客料理

宅家定番

作法

1 將牛絞肉、豬絞肉、麵包粉、蒜泥、雞蛋以及海鹽放入調理盆中。

2 不停地攪拌捶打，捶到感覺有點黏手後，分成四團。

3 塑型成漢堡排的扁圓形，冰冷藏30分鐘。

4 利用空檔將番茄切片；洋蔥切絲；生菜洗淨後瀝乾。瀝乾生菜可避免麵包底部被沾濕。

5 取出冷藏好的漢堡排，在鐵板或鍋中放入少許油，將漢堡排兩面煎至焦黃熟透即可。

6 在盤中放上漢堡底部，依序放上生菜、漢堡排、起司片、漢堡排、起司片、番茄。

7 擠上黃芥末及番茄醬再蓋上漢堡即可。

酥炸拼盤

漢堡的好朋友絕對是薯條無誤！在家吃要再升級一下，除了新鮮的馬鈴薯外，再多炸一些透抽以及蝦子等海鮮，配上漢堡吃下肚真是太滿足了！

烹調時間
35分鐘

使用鍋具
鑄鐵鍋

宴客料理

宅家定番

材料

透抽 … 1尾　　　〈沾粉〉
蝦子 … 8尾　　　麵粉 … 3大匙
馬鈴薯 … 1顆　　玉米粉 … 3大匙
白酒 … 1大匙　　鹽 … 1/8茶匙
檸檬 … 1/2顆　　大蒜粉 … 1/4大匙
油 … 600ml

作法

1　透抽去皮、內臟後切圈狀備用；蝦子剝殼後去腸泥備用。

2　馬鈴薯洗淨後切成條狀，泡一下水去除表面澱粉。

3　檸檬切成檸檬角備用。

4　將 1 的海鮮用白酒醃漬，之後稍微用廚房紙巾壓乾。

5　將麵粉、玉米粉、鹽以及大蒜粉攪拌均勻，將食材放上沾附。

6　準備一個有深度的鑄鐵鍋放入油，鍋熱後放入食材炸熟即可取出。順序上可以炸完馬鈴薯再炸海鮮。

7　將炸物盛盤，放上檸檬角即可。

檸檬氣泡飲

....

漢堡和炸物的組合難免稍微油膩了些。用酥炸海鮮也使用的檸檬，做
杯簡單的檸檬氣泡飲，搭配起來再適合也不過了。

材料

氣泡水 ⋯ 800ml
檸檬汁 ⋯ 25ml
糖水（視個人口味增減）
⋯ 20ml

作法

1 將檸檬汁與糖水放進杯中攪拌均勻。

2 將氣泡水放進瓶中，倒入檸檬糖水攪拌均勻
即可。

刺客義大利麵

在研究國外食譜時，發現這道來自義大利南部的刺客義大利麵
Assassin's Spaghetti 不但作法簡單，口味也偏酸辣，非常適合夏天！
這道有趣的義大利麵作法跟燉飯有點類似，是將材料炒好後，加入湯
汁跟麵條一起燉煮。辣椒番茄醬汁會在慢煮中慢慢濃縮，煮到底部微
焦再翻面，滋味絕佳。刺客義大利麵的精髓是在有一點微焦的麵條，
所以只要翻一次面即可，不太需要顧火，在爐子旁留意一下湯汁收乾
的狀態就可以了。

材料 （二人份）

義大利麵（spaghetti）… 180g	〈番茄湯汁〉
大蒜 … 2瓣	番茄塊罐頭 … 1罐
辣椒 … 1/2條	水 … 300ml
橄欖油 … 1大匙	鹽 … 1/8茶匙
	番茄膏 … 20g

烹調時間
35分鐘

使用鍋具
平底深鍋

搭配廚具
食物 攪拌棒

簡易料理

宅家定番

作 法

1 大蒜去皮後切末。

2 辣椒切圈狀。

3 番茄塊罐頭打開後放進調理杯中，加入水、鹽以及番茄膏用
攪拌棒打勻。

4 平底深鍋放入橄欖油、大蒜以及辣椒炒香。

5 直接放入義大利麵和2/3的〈番茄湯汁〉，用中火慢煮至湯汁
收至濃稠（約10分鐘）後翻面。

6 倒入剩餘番茄湯汁，繼續煮到收乾水分（約5分鐘）後攪拌均勻
即可起鍋。

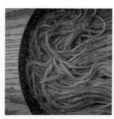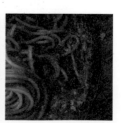

我家的
食慾之秋

Autumn

氣候漸涼，栗子、菱角、蓮藕等根莖類都在此時盛產，身為澱粉狂魔的我，內心完全在歡呼啊！再加上視覺和味覺都讓人暖呼呼的南瓜、充滿秋日氣氛的蕈菇類……減肥？哎呀先不管了啦，趕快趁著季節好好享用這些美食吧！

Day 1

醬燒小卷、海苔豆腐煎、炒三絲、菱角湯

今天的三菜一湯中，醬燒小卷、炒三絲和菱角湯都是處理迅速、也很原味的料理，搭配口感和做法別出心裁、需要費一點工夫的海苔豆腐煎，剛剛好一小時左右可以上桌。

醬燒小卷

醬燒小卷是先生的最愛，不但作法簡單快速，還有不少種變化。市場買到的小卷通常都是已經先汆燙好的，所以在烹煮上不用煮太久，醬汁煮滾後很快就可以完成囉！

材料

小卷（5尾）… 300g
薑 … 1節
油 … 1茶匙
醬油 … 1大匙
米酒 … 1茶匙
糖 … 1茶匙

作法

1　薑去皮後切絲。

2　在鍋中放入油以及薑絲炒香，放入小卷煎過後放入醬油、米酒以及糖煮滾。

3　煮至喜歡的醬汁稠度即可起鍋。

Memo

◆ 如果這一餐吃不完，下一餐可以將小卷稍微過一下水、清除內臟並切片後，和手邊現有的蔬菜一起炒，可以加一點沙茶醬或是大蒜、蒜苗等，又是全新的一道菜！

海苔豆腐煎

板豆腐帶有濃郁的豆香味，搭配海苔裹上麵糊半煎半炸，吃起來外酥內軟，相當美味。豆腐的厚薄會帶來很不一樣的口感，喜歡這道料理的話，兩種都可以試試看。

材料

板豆腐 … 1盒
海苔片 … 10片
鹽麴 … 1大匙
水 … 1茶匙
白胡椒 … 1/8茶匙
油 … 1/2杯

〈麵糊〉
麵粉 … 2大匙
水 … 1/2杯
白芝麻 … 1大匙
鹽 … 1/8茶匙

作法

1 將鹽麴、水以及白胡椒放進保鮮盒中攪拌均勻。

2 板豆腐切四刀、成五片,放進保鮮盒中醃漬2小時。

3 將〈**麵糊**〉的麵粉、水、白芝麻以及鹽放進調理盆中攪拌均勻。

4 取出醃漬好的豆腐,雙面沾附海苔,再裹上麵糊。

5 在鍋中放入油,油熱了之後將豆腐放進半煎半炸。

6 待海苔豆腐底部呈現金黃色後翻面,再煎至金黃色即可。

Memo
◆ 如果這道菜做太多,隔天可以再覆熱食用。這時可另加上
少許香菇素蠔油,讓這道料理產生不同的風味。

炒三絲

. . . .

炒三絲是道食材和調味自由度都很高的料理。這次的版本用了木耳、白菜和家人都不愛的紅蘿蔔，因為用了帶點酸味的伍斯特醬，調味不同，他們好像也比較能接受了，主婦計畫通！

材料

白菜 … 100g
紅蘿蔔 … 80g
黑木耳 … 60g
香油 … 1茶匙
鹽 … 1/8茶匙
伍斯特醬 … 1/2茶匙

作法

1 白菜切絲。喜歡多些口感的話，白菜可以只使用白菜梗切絲炒。

2 黑木耳切絲，紅蘿蔔削皮後切絲。

3 在鍋中放入香油、紅蘿蔔以及黑木耳用中火拌炒。

4 待紅蘿蔔絲炒軟後，放入白菜炒軟。

5 轉大火放入鹽以及伍斯特醬，炒出酸香味即可。

菱角湯

對我來說,街角出現的菱角攤車可以說是秋天到來的象徵。菱角排骨湯最能品嘗到菱角鬆軟的口感和獨特香氣,作法上也非常簡單。如果手邊有香菜加一點也很適合哦。

材料

去殼菱角 … 250g
排骨 … 300g
水 … 800ml
鹽 … 1茶匙
(視個人口味可增減)

作法

1 排骨先放入冷水(分量外)中煮滾,倒掉有雜質的水,清洗一下排骨。

2 在湯鍋中放入燙好的排骨以及800ml的水,蓋上鍋蓋煮30分鐘。

3 打開鍋蓋放入菱角,繼續煮10分鐘後打開鍋蓋,加鹽調味即可。

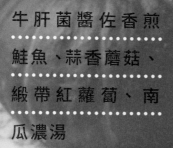

牛肝菌醬佐香煎鮭魚、蒜香蘑菇、緞帶紅蘿蔔、南瓜濃湯

今天的料理走西式路線，和前一天台味的料理做區隔。牛肝菌醬佐香煎鮭魚和南瓜濃湯都是口感較厚重溫暖的料理，很適合秋季，南瓜的金黃和紅蘿蔔的橘紅色彩也讓餐桌看起來更繽紛。

Day2

牛肝菌醬佐香煎鮭魚

牛肝菌的香氣獨特，作為主角非常搶眼，當配角時則有畫龍點睛的效果。這道料理將牛肝菌細細炒成濃郁醬汁，淋在煎好的鮭魚上，喜歡蕈菇香氣的朋友請一定要試試看。

烹調時間
40分鐘

使用鍋具
平底鍋

搭配廚具
食物
攪拌棒

宅家定番

材料

鮭魚 … 1片
油 … 1茶匙

〈醬汁〉
乾燥牛肝菌 … 20g
蘑菇 … 5朵
洋蔥末 … 1大匙
鮮奶油 … 1杯
橄欖油 … 1茶匙
鹽 … 1/8茶匙
黑胡椒 … 1/8茶匙

作法

1　製作〈**醬汁**〉。牛肝菌沖洗表面泥沙後泡水30分鐘，取出瀝乾切小塊備用。

2　蘑菇切片、洋蔥切末，量好1杯鮮奶油備用。

3　在鍋中放入油以及洋蔥，用中火炒香，接著放入牛肝菌、蘑菇炒熟；放入1大匙鮮奶油、鹽以及黑胡椒調味。

4　將 3 放入攪拌杯中，待溫度變溫後用攪拌棒打成泥狀。

5　將 4 倒回到鍋中，放入剩餘的鮮奶油用小火煮至滾，牛肝菌醬就完成了。

6　另起一鍋，熱鍋放油，將鮭魚放入煎3分鐘，翻面繼續煎至金黃色即可盛盤。

7　在煎好的鮭魚上淋上 5 的牛肝菌醬即可。

蒜香蘑菇

蘑菇清炒或直接用烤的就已經很香了，這道蒜香蘑菇加上了大蒜、紅椒粉和黑胡椒，搭配橄欖油，讓味道有更多層次的變化。

材料

蘑菇 … 15朵
大蒜 … 3瓣
橄欖油 … 1大匙
煙燻紅椒粉 … 1茶匙
黑胡椒 … 1/8茶匙
鹽 … 1/8茶匙

作法

1 蘑菇擦至乾淨後切片。

2 大蒜去皮後切片。

3 在鍋中倒入油，放入大蒜炒香。

4 接著放入蘑菇拌炒。

5 蘑菇炒軟後加入煙燻紅椒粉、黑胡椒以及鹽調味即可起鍋。

緞帶紅蘿蔔

單炒紅蘿蔔聽起來很嚇人,但這道緞帶紅蘿蔔用刨刀取代切絲,並以奶油作調味,不但省時,紅蘿蔔的甜味也更能釋放出來,口感柔軟香甜,料理本身也很上相哦。

材料

紅蘿蔔 … 1/2 條
(約130g)
奶油 … 10g
橄欖油 … 1茶匙
鹽 … 1/8茶匙

作法

1 將紅蘿蔔削皮後,用刨刀削成緞帶狀。

2 在鍋中放入奶油以及橄欖油,開中小火,至奶油融化。

3 放入紅蘿蔔炒熟後,加入鹽調味即可。

✦

南瓜濃湯

南瓜濃湯有各種不同的版本，這邊做的是加了比較多香料的口味，還有培根的香氣做基底，在秋天喝起來感覺更加溫暖。因為濃湯會用食物攪拌棒處理過，用栗子南瓜以外的南瓜也不影響口感。

材料

栗子南瓜 … 1顆（去籽後約300g）
洋蔥 … 1顆
培根 … 50g
水 … 600ml
鮮奶油 … 1杯
肉豆蔻 … 2g
月桂葉 … 1片

薑黃粉 … 1/8茶匙
鹽 … 1/4茶匙

作法

1　南瓜剖半後去籽切塊。

2　洋蔥切末；培根切末；肉豆蔻磨成粉狀。

3　在湯鍋中放入培根以及洋蔥末炒香。

4　放入南瓜塊一同拌炒1分鐘。

5　接著放入水、肉豆蔻粉、月桂葉以及薑黃粉，煮滾至南瓜軟透。

6　將月桂葉取出，用攪拌棒將 5 打至呈濃稠狀。

7　放入鮮奶油，用小火煮滾後加入鹽調味即可。

Memo

◆　南瓜皮也很營養，所以洗淨後可以一起煮熟並打成泥。這樣的南瓜濃湯會帶點綠色的小點點，如果喜歡漂亮均勻的橘黃色，可以將南瓜削皮再使用唷。

古早味炸肉、雞蛋豆腐燒、金銀地瓜葉、蓮藕排骨湯

突然想吃外婆的古早味炸肉，因此搭配出一桌充滿懷念滋味的菜餚。蓮藕排骨湯也是從小就能喝到的家常湯品，溫潤又充滿食物原味的白湯，喝著喝著心也暖了起來。

Day3

古早味炸肉

小時候回外婆家，最期待桌上有這道炸肉，炸肉一上桌就會被大家偷吃，經過時就拿一塊，到吃飯時間都有點飽了。現在，在外婆的口味中多加一點自己的調味，也成為我的拿手菜。

材料

豬五花 … 250g
樹薯粉 … 1杯
油 … 1杯

〈醃料〉

大蒜 … 2瓣
五香粉 … 1茶匙
白胡椒 … 1/4茶匙
醬油 … 2大匙
水 … 1大匙
二砂 … 1/2大匙
香油 … 1大匙

作法

1　製作〈**醃料**〉。大蒜去皮後用壓蒜器壓成泥狀，放入調理盆中。

2　繼續放入五香粉、白胡椒、醬油、水、二砂以及香油攪拌。

3　豬五花將皮切除後用拍肉鎚拍打，放進調理盆中沾附醃料，醃漬6小時（可前一晚製作放過夜）。

4　在調理盤中撒上樹薯粉。

5　將醃漬入味的豬五花均勻沾附樹薯粉。

6　沾完裹粉放置5分鐘反潮後再沾一次粉。

7　平底深鍋放入油，油溫起來後放入豬五花，半煎炸至雙面都金黃色即可撈起切塊盛盤。

$Memo$

◆ 豬皮炸過會比較韌，所以可以先將豬皮切除，喜歡吃豬皮的話也可不切。

◆ 此配方的鹹度很夠，可以不用另外沾醬。

雞蛋豆腐燒

雞蛋豆腐燒相當下飯，有點像是雞肉親子丼的豆腐版。洋蔥炒軟後加入豆腐，再加入調味料煨煮一下，最後加入蛋液至微微凝固就完成了，作法也很簡單！

材料

板豆腐 … 1/2 塊　　　水 … 1 大匙
雞蛋 … 2 顆　　　　　蔥花 … 1 茶匙
洋蔥 … 1/2 顆
油 … 1 茶匙
鰹魚醬油 … 1 大匙
醬油 … 1 茶匙
味醂 … 1 茶匙

作法

1　板豆腐切片。

2　雞蛋打入碗中攪拌均勻。

3　洋蔥切絲。

4　在鍋中放入油以及洋蔥，將洋蔥炒軟。

5　放入豆腐、鰹魚醬油、醬油、味醂以及水燜煮1分鐘。

6　倒入蛋液後10秒熄火，利用餘溫將蛋液煮至微微凝固。

7　盛盤後撒上蔥花即可。

Memo

◆ 不喜歡太生的蛋，倒入蛋液後可再多花一點時間再關火。

金銀地瓜葉

地瓜葉一年四季都能買到，不論清炒或燙了淋醬油都很好吃。這邊稍微費工一點，和皮蛋、鹹蛋一起炒，讓平凡的地瓜葉更華麗。

材料

地瓜葉 … 200g
大蒜 … 2瓣
皮蛋 … 1顆
鹹蛋 … 1顆
油 … 1大匙
鹽 … 適量

作法

1 地瓜葉洗淨，切除較老的莖葉備用。大蒜去皮切成蒜末。

2 皮蛋與鹹蛋剝殼後切小塊，將鹹蛋白與鹹蛋黃分開放。

3 鍋中倒入油以及鹹蛋黃，以小火炒出泡泡後放入蒜末及地瓜葉拌炒。

4 地瓜葉炒至軟透後，加入鹽、皮蛋塊以及鹹蛋白，炒1分鐘後即可起鍋。

5 鹹蛋已經有鹹味了，4的鹽可視個人口味調整。

蓮藕排骨湯

食譜中的蓮藕用滾刀切大塊，用意是煮到鬆軟後口感比較好，但相對的需要煮的時間會比較長。如果沒時間，改成切片可以再縮減10分鐘左右的烹調時間。

材料

排骨 … 300g
蓮藕 … 1節（150g）
水 … 1000ml
薑片 … 2片
鹽 … 適量

作法

1 蓮藕洗淨後削皮，滾刀切塊。

2 排骨先放進湯鍋中，用冷水（分量外）煮滾後將排骨撈出洗淨備用。

3 在乾淨的鑄鐵鍋中放入排骨 、蓮藕、薑片以及水，煮滾後蓋上鍋蓋煮30分鐘。

4 打開鍋蓋後加入鹽調味即可。

芝麻雞塊、肉片蓮藕炒、
紅蘿蔔炒蛋、桂圓紅棗茶

小朋友喜歡的雞塊，可以在家自製
出食材更健康、口味也更多變化的
版本。而搭配比較費工的芝麻雞
塊，另外兩道菜就用快炒解決。

Day4

芝麻雞塊

· ·

在家做雞塊是為了想要吃到比較原型的食物，經過幾次調整後從速食店的雞塊變成現在的版本。這個食譜分量蠻多的，大概可以吃兩餐左右，隔天覆熱只需要進烤箱烤10分鐘即可！

材料

去皮雞胸肉 … 300g
去皮雞腿肉 … 300g
雞蛋 … 1顆
麵粉 … 1大匙
大蒜粉 … 1大匙
白胡椒 … 1茶匙
鹽 … 1/2茶匙
油 … 1/2杯

〈沾粉〉
雞蛋 … 1顆
麵粉 … 3大匙
白芝麻 … 1/2杯
黑芝麻 … 1/4杯

烹調時間
50 分鐘

使用鍋具
平底鍋

搭配廚具
食物處理器

宅家定番

作法

1　雞胸肉與雞腿肉切小塊放入食物處理器攪拌，攪拌均勻後取出至調理盆中。

2　將雞蛋打入 1 的調理盆中，放入麵粉、大蒜粉、白胡椒以及鹽攪拌均勻。

3　將 2 的肉團反覆摔打至有黏性後分成小團，捏成厚度約1公分的雞塊狀。

4　準備沾粉。將雞蛋打散後倒入調理盤中。

5　2大匙麵粉放在另一個盤中。

6　將剩餘的1大匙麵粉、白芝麻與黑芝麻拌勻後放入第三個盤中。

7　將 3 的雞塊雙面依序沾附麵粉、蛋液和雙色芝麻。

8　在平底深鍋中放入油，油溫到後轉小火放入雞塊，煎炸至金黃色翻面。

9　煎至另一面也呈金黃色即可起鍋享用。

肉片蓮藕炒

這道是秋冬餐桌絕對必備的菜餚。蓮藕煮湯的時候我喜歡鬆軟綿密的口感,而跟肉片一起炒時則改切薄片,口感爽脆又有肉香,和薑絲、烏醋也非常搭喔。

豬梅花肉塊 … 150g　　〈醃料〉

蓮藕 … 100g　　　　｜ 醬油 … 1茶匙

鮮香菇 … 2朵　　　　｜ 米酒 … 1茶匙

薑絲 … 10g　　　　　｜ 香油 … 5滴

油 … 1茶匙　　　　　｜ 白胡椒 … 1/8茶匙

水 … 2大匙

醬油 … 1大匙

烏醋 … 1茶匙

烹調時間
25分鐘

使用鍋具
平底鍋

宅家定番

作 法

1　豬肉切薄片放在調理盆中，放入調好的〈**醃料**〉醃10分鐘。

2　蓮藕削皮切薄片。

3　新鮮香菇切絲。

4　鍋中放入油以及薑絲炒香。

5　放入豬肉片拌炒1分鐘，加入蓮藕與香菇拌炒均勻，加水燜煮3分鐘。

6　放入醬油以及烏醋拌炒均勻至收汁，即可起鍋。

紅蘿蔔炒蛋

熱愛紅蘿蔔的家母以前常會單炒紅蘿蔔絲當一道菜,為了配合先生,做成了比較普及的紅蘿蔔炒蛋。我家的紅蘿蔔會炒到徹底軟透再加蛋,這樣口感比較柔軟也比較甜。

材料

紅蘿蔔 … 1/2 條
雞蛋 … 2 顆
鹽 … 1/8 茶匙
油 … 1 大匙

作法

1 紅蘿蔔削皮後切絲。

2 雞蛋打入碗中加鹽攪拌均勻。

3 在鍋中倒入油以及紅蘿蔔拌炒。

4 炒至紅蘿蔔軟透之後,倒入蛋液炒至喜歡的凝固狀態即可。

桂圓紅棗茶

還記得國中時有位同學家長每天都親送午餐便當，而且一定會附上桂圓紅棗茶當飲料。我因為好奇去買來喝，結果一次就愛上了，應該是喜歡桂圓的香氣吧！長大後，秋冬都會為自己煮杯桂圓紅棗茶。

材料

桂圓 … 20g
紅棗 … 10顆
黑糖 … 10g
水 … 600ml

作法

1 紅棗在果肉處剪兩刀。

2 準備一個湯鍋，放入桂圓、紅棗以及水開火煮，煮滾後用小火煮10分鐘。

3 放入黑糖攪拌至融化即可關火飲用。

烹調時間 **20** 分鐘

使用鍋具 湯鍋

簡易料理

Day5

蒜香小排、

青江菜炒蛋、

金沙菱角、

香菇黃瓜丸子湯

今天的菜色中，蒜香小排和金沙菱角都是口味比較重的下飯菜，搭配上有點小變化的青江菜炒蛋，還有清爽又平凡的黃瓜丸子湯，更能感受家常菜的美好。

蒜香小排

我通常會把豬肋排做成一整排不分切的烤肋排當宴客菜，但有時候嘴饞就是想吃肋排，也會在市場買少分量。這道蒜香小排有著濃郁鮮甜的大蒜醬汁，今晚不多煮點飯可是不行的！

材料

豬肋排 … 400g
大蒜 … 1球
醬油 … 3大匙
水 … 240ml
米酒 … 1大匙
二砂 … 1大匙
伍斯特醬 … 1大匙

作法

1　豬肋排先汆燙後撈起備用。

2　將所有大蒜撥開並剝皮。

3　在鍋中放入所有材料，蓋上鍋蓋用中小火煮20分鐘。

4　打開鍋蓋後繼續煮至湯汁變濃稠即可。

青江菜炒蛋

這道菜的順序很重要，如果先炒青江菜再加蛋液進去，因為青菜會出水，很容易會糊成一團，所以雞蛋要先炒過取出，接著原鍋炒菜，最後再把蛋放回去。

青江菜 … 1把
大蒜 … 2瓣
雞蛋 … 2顆
油 … 1大匙
香菇素蠔油 … 1大匙

烹調時間
20分鐘

使用鍋具
平底鍋

簡易料理

宅家定番

作法

1　雞蛋打入碗中攪拌均勻備用。

2　青江菜洗淨後切段。

3　大蒜去皮後切片。

4　鍋中先放入1/2大匙的油，放入蛋液拌炒，炒至稍微凝固後取出。

5　在同鍋中放入剩下的油以及蒜片炒香，放入青江菜拌炒。

6　青江菜炒熟後倒入 4 的蛋塊拌炒，最後加入香菇素蠔油調味拌炒均勻，即可起鍋。

Memo

◆ 如果喜歡口感軟嫩的蛋，蛋液可以不要炒至全熟。另外青江菜也可以替換成小松菜等。

金沙菱角

菱角除了當零嘴單吃和煮湯之外，拿來炒也非常好吃。蒸好的菱角搭配鹹蛋做成的金沙菱角非常下飯，儘管口中嚷嚷著說要減少澱粉，但是誰能抵擋菱角鬆鬆軟軟的誘惑呢？

材料

菱角（已去殼）
… 300g
鹹蛋 … 1顆
大蒜 … 1瓣
油 … 1大匙
蔥花 … 1大匙
白胡椒 … 1/8茶匙

作法

1 菱角放入電鍋中蒸30分鐘後取出。

2 鹹蛋剝殼後蛋黃與蛋白分開放，將蛋白切碎。

3 大蒜去皮後切末。

4 在鍋中放入油、鹹蛋黃以及蒜末炒香。

5 放入蒸好的菱角拌炒均勻後，放入鹹蛋白、白胡椒以及蔥花炒勻即可起鍋。

香菇黃瓜丸子湯

香菇黃瓜丸子湯非常家常，家常到先生覺得這有什麼好介紹的？不過每家的做法還是多少有不同，我這次的作法除了加上鮮香菇，高湯也是用雞高湯而非排骨。

材料

鮮香菇 … 3朵
大黃瓜 … 1/2條
丸子 … 6顆
雞高湯 … 800ml
鹽 … 適量

作法

1 鮮香菇切片。

2 大黃瓜削皮後去籽，切片。

3 在湯鍋中放入雞湯、大黃瓜、香菇以及丸子煮滾後，加入鹽調味即可。

薑汁燒肉米漢堡、
野菜天婦羅、腐皮味噌湯

薑汁燒肉米漢堡只是把薑汁燒肉做
造型上的變化，就能讓餐桌豐富許
多，孩子也更願意吃飯了。搭配上
裹上薄薄麵皮、可以品嘗蔬菜和根
莖原味的天婦羅，和日式湯品代表
的味噌湯。

Day6

薑汁燒肉米漢堡

利用圓形的模具，薑汁燒肉米漢堡也可以在家做。一人一份可以快速上菜，小朋友也會因此而更喜歡吃飯唷！如果喜歡口味有點蔬菜甜味的話，可以再增加洋蔥絲一起炒。

烹調時間
25分鐘

使用鍋具
平底鍋

搭配廚具
圓形模具

材料（3個份）

豬五花肉片 … 200g
高麗菜絲 … 1/2杯
白飯 … 3碗
油（飯餅用）… 1茶匙
油（肉片用）… 1茶匙

〈醃料〉
薑泥 … 1大匙
蒜泥 … 1茶匙
醬油 … 2大匙
味醂 … 1大匙

作法

1　豬肉片放進調理盆中，倒進〈**醃料**〉攪拌均勻醃漬30分鐘。

2　準備保鮮膜（或烘焙墊、烘焙紙均可）鋪在桌上，放上圓形模具，將飯盛入輕壓填滿成圓餅狀，做六塊。

3　在鍋中開小火倒入油，放入飯餅雙面煎至微微的金黃色即可取出。

4　在鍋中放入油以及豬五花肉片，炒熟即可取出。

5　將一個飯餅放在盤中，放上高麗菜絲再放上豬肉片，蓋上另一片飯餅即可完成。

Memo

◆ 米飯在模具中可以多放一點、壓緊實，這樣在煎的時候比較不會散開。

◆ 如果懶得做成米漢堡，扣除飯餅相關材料，薑汁燒肉本身也是一道下飯又簡單的料理。

野菜天婦羅

野菜天婦羅使用的蔬菜可以隨意調配,菇類、根莖類、茄子、青椒等都很適合。另外這邊也一併介紹天婦羅沾醬,因為沒有沾醬就少了一味啊。

材料

鮮香菇 … 3朵
蓮藕片 … 4片
地瓜片 … 4片
茄子 … 2片
四季豆 … 10根
油 … 2杯
胡麻油 … 1杯

〈麵糊〉
麵粉 … 100g
冰水 … 120ml
雞蛋 … 1顆

〈沾醬〉
蘿蔔泥 … 1杯
鰹魚醬油 … 2大匙
味醂 … 1大匙
飲用水 … 1大匙

作法

1 將蔬菜洗淨或切片，水分稍微擦乾。

2 將蘿蔔泥放入碗中，倒入鰹魚醬油、味醂以及水調勻後即為〈沾醬〉。

3 製作〈麵糊〉。將雞蛋打入碗中，放入冰水，一同攪拌均勻。

4 在3加入過篩的麵粉，攪拌均勻。

5 將油以及胡麻油放進鍋中，加熱至170℃。

6 蔬菜沾附麵糊後，一一放進油鍋中，炸至接近金黃色後即可撈起。

Memo

◆ 天婦羅的麵糊是屬於比較水的，也比較薄。下油鍋時請留意一次不要下太多食材，以免油溫降低，導致麵糊容易與食物脫離。

烹調
時間
20
分鐘

使用
鍋具

湯鍋

簡易料理

腐皮味噌湯

和日式料理最搭的就是簡單又快速的味噌湯了。我家的味噌湯，喜歡
加一點點糖做提味，可以嘗試看看唷。

材料

腐皮 … 2塊
白蘿蔔 … 50g
紅蘿蔔 … 30g
味噌 … 1.5大匙
二砂 … 1茶匙
水 … 600ml

作法

1 腐皮切條狀；白蘿蔔以及紅蘿蔔削皮切片。

2 將水、白蘿蔔以及紅蘿蔔放進湯鍋中煮滾。

3 白蘿蔔、紅蘿蔔煮熟後，放進腐皮以及二砂。

4 將味噌放在湯杓中放入湯鍋，用筷子稍微畫圓
　使其溶解。

5 味噌完全溶解、湯微微滾起後就完成了。

Day7

雞肉口袋餅、醋煎南瓜、
紅蘿蔔濃湯

口袋餅備料看似麻煩，但其實只要
把所有材料裝進現成的餅中就可以
了，意外地方便。週末比較悠閒的
話，可以來弄個比較花時間的紅蘿
蔔濃湯，和口感偏乾一點的口袋餅
很搭哦。

雞肉口袋餅

雞肉口袋餅當正餐或點心都很方便，裡面的食材也可以依個人喜好更改，不過有些市售口袋餅比較乾，內側可以擠上美乃滋或是優格，並多放一些牛番茄等濕潤的食材來平衡口感。

材料 （3個份）

雞胸肉 … 300g
美生菜 … 6片
牛番茄 … 1顆
洋蔥絲 … 20g
口袋餅 … 3個
橄欖油 … 1大匙
美乃滋 … 適量
黑胡椒 … 適量

〈醃料〉
大蒜粉 … 1大匙
煙燻紅椒粉 … 1大匙
義大利綜合香料 … 1茶匙
海鹽 … 1/8茶匙
優格 … 3大匙

作法

1 將〈醃料〉的所有材料放在調理盆攪拌均勻，並將雞胸肉雙面沾附好香料，醃漬1小時備用。

2 牛番茄切丁；生菜洗淨後瀝乾，用手撕小塊。

3 在鍋中放入橄欖油加熱。放入雞胸肉用小火煎3-5分鐘後翻面，繼續煎熟即可起鍋。

4 起鍋後將雞胸肉用叉子撥開成絲備用。

5 將口袋餅放在平底鍋中，開中小火兩面乾烙20秒，取出後切成兩半。

6 口袋餅取出後裡面擠上一點美乃滋，放入牛番茄、洋蔥絲以及生菜，最後放上雞胸肉，撒上黑胡椒即可。

醋煎南瓜

醋煎南瓜的小撇步是可先將南瓜微波。微波後南瓜較能使力切片,也會大幅縮減烹調時間。如果沒有微波爐,可改以電鍋蒸5-10分。

材料

栗子南瓜 … 1顆
橄欖油 … 1茶匙
巴薩米克醋 … 1大匙
海鹽 … 1茶匙

作法

1 栗子南瓜表面洗淨,放入微波爐微波3分鐘。

2 戴上防燙手套取出南瓜,可待涼後再對半切,去籽後切片。

3 在鍋中倒入橄欖油以及南瓜用小火煎,煎2分鐘後翻面,均勻地撒上鹽調味。

4 煎至軟透後轉大火,淋入巴薩米克醋快速翻炒一下即可起鍋。

5 這道菜放涼了也好吃,在冰箱中約可保存三天。

紅蘿蔔濃湯

···

這道料理的靈魂除了紅蘿蔔就是西洋芹了，只要使用高湯，簡單調味就能做出餐廳般的口味！

材料

紅蘿蔔（中）… 3條
橄欖油 … 1大匙
洋蔥 … 1顆
西洋芹 … 3根
新鮮百里香 … 1根
高湯 … 600ml
（可用雞高湯或蔬菜湯）
奶油 … 20g
鹽 … 1/4茶匙

作法

1 紅蘿蔔削皮後切塊，洋蔥切末，西洋芹洗淨後去除較粗纖維後切塊。

2 百里香將葉片從莖上摘下備用。

3 湯鍋中放入橄欖油以及洋蔥用中小火炒香後，放入西洋芹塊以及紅蘿蔔塊炒3分鐘。

4 放入百里香以及高湯，煮至紅蘿蔔軟透。

5 以攪拌棒將湯汁打成柔滑狀後，放入奶油以及鹽再攪拌3秒即可。

蘑菇乳酪麻花捲麵

說到麻花捲麵,大概是我近一年來最喜愛的義大利麵種類了!因為
麵型比較短,不管用大湯鍋還是牛奶鍋都很好煮;另外捲麵形式的義
大利麵,口感也會比直麵更有彈性。最重要的是,捲麵更容易吸附醬
汁,以香濃的醬汁搭配,非常適合秋冬季節。在涼涼的秋天裡,就來
做這道香氣絕佳、口感濃郁的蘑菇乳酪麻花捲麵吧!

材料（二人份）

麻花捲麵（CASARECCCE）… 240g
蘑菇 … 300g
橄欖油 … 1大匙
奶油 … 20g
大蒜 … 2瓣

百里香 … 1根
帕瑪森起司 … 30g
鹽（煮麵用）… 1茶匙
鹽（調味用）… 1/8茶匙

烹調時間
35分鐘

使用鍋具
平底鍋

簡易料理

宅家定番

作法

1　麻花捲麵依照包裝指示，放進加入1茶匙鹽的滾水中煮熟撈起備用，並用馬克杯撈出1/2杯的煮麵水。

2　蘑菇擦至表面乾淨後切片；大蒜去皮後切末。

3　百里香將葉片摘下，帕瑪森起司刨絲。

4　在鍋中放入橄欖油以及蒜末炒香，放入蘑菇轉大火快炒，炒至蘑菇表面焦化後放入百里香。

5　接著放入麻花捲麵、奶油、半杯煮麵水以及帕瑪森起司，攪拌均勻乳化炒30秒，最後加鹽調味即可起鍋。

Memo

◆ 喜歡義大利麵彈牙的口感，可以依照包裝指示再減少1分鐘撈起。這道的精髓在於最後奶油、煮麵水以及帕瑪森起司乳化的美妙滋味，帕瑪森起司如果沒有買到塊狀的，也可以用粉狀的替代，不過塊狀的風味比較好唷。

溫暖身心的冬日

暖心的冬日

Winter

冬天的日照短、氣候相對濕冷，總讓人覺得特別容易肚子餓。在這個季節，特別適合一些口感濃郁、湯汁較多的料理，暖胃的同時也能暖心。而台灣冬天盛產的蔬菜多為深綠色的蔬菜，尤其菠菜、芥蘭、白蘿蔔等，幾乎每隔幾天就會出現在我家的餐桌上。

奶醬洋芋雞肉、培根菠菜、香料番茄、鍋煮奶茶

奶醬洋芋雞肉以雞腿肉切塊跟馬鈴薯燉煮，加入濃濃的鮮奶油，是會讓人想一嚐再嚐的美味佳餚。搭配相對清爽、做起來也很迅速的兩道蔬菜料理，最後以甜甜的鍋煮奶茶做收尾。

Day 1

奶醬洋芋雞肉

我熱愛口感濃郁的鮮奶油，但先生卻不喜歡奶味太重的料理。反覆嘗試後，加入了較多的香料平衡奶味的膩口，終於成功讓先生不知不覺地一夾再夾（嘴角上揚）。

材料

雞腿排 … 1塊
馬鈴薯 … 1顆
橄欖油 … 1茶匙
迷迭香 … 1根
義大利綜合香料 … 1茶匙
水 … 1/2杯
鮮奶油 … 2大匙
鹽 … 1/8茶匙

烹調時間
35分鐘

使用鍋具
平底鍋

簡易料理

宅家定番

作法

1　雞腿排切除多餘的油脂後切塊。

2　馬鈴薯削皮後切塊。

3　在鍋中放入橄欖油以及雞腿排,炒1分鐘後放入馬鈴薯塊以及義大利綜合香料拌炒。

4　加入水以及迷迭香,蓋上鍋蓋,燜煮3-5分鐘至微微收汁。

5　加入鮮奶油以及鹽,用小火煮滾後將迷迭香取出,即可盛盤。

Memo

◆ 如果沒有新鮮的迷迭香,可用1/2茶匙的乾燥迷迭香代替。

培根菠菜

冬天最期待的葉菜類就是菠菜了！清炒蒜頭就很美味，而加上培根則可以帶來煙燻的香氣，讓有點害怕「菠菜味」的小朋友也願意嘗試看看。

材料

菠菜 … 1 把
培根 … 2 片
大蒜 … 2 瓣
油 … 1 茶匙
鹽 … 適量

作法

1 菠菜洗淨後切除根部，切段瀝乾。

2 培根切小段。

3 大蒜去皮切末。

4 在鍋中放入油跟培根，炒至培根焦脆後放入大蒜炒香。

5 放入菠菜大火快炒，加鹽調味即可起鍋。因為培根已有鹹味，鹽可視個人口味增減。

香料番茄

牛番茄的應用很廣泛,餐桌上剛好少一道菜時,簡單切片煎一煎,就可以迅速上桌,煎至微焦時的香氣特別棒。

材料

牛番茄 … 2顆
橄欖油 … 1大匙
義式綜合香料 … 1茶匙
海鹽 … 1/8茶匙

作法

1 牛番茄洗淨後切除蒂頭,切片。

2 在鍋中放入油,再放入番茄用中火煎,均勻地撒上一半的海鹽以及香料。

3 翻面繼續煎,並撒上剩餘的海鹽跟香料,煎至表面微焦,即可起鍋。

鍋煮奶茶

鍋煮奶茶也是冬天不可少的飲品。以鍋煮而非單純浸泡的方式，可以讓紅茶更香濃，搭配上溫熱的新鮮牛奶，就是濃郁的好味道。

材料

紅茶葉 … 10g
水 … 300ml
鮮奶 … 200ml
糖 … 20g

作法

1 紅茶葉放入牛奶鍋中，先用小火乾炒一下。

2 放入水，用中火煮滾後關火。

3 倒入鮮奶，用餘溫使牛奶溫熱後放入糖即可。

Day2

沙茶牛肉、豆包蛋、
木耳芥蘭、蘿蔔排骨湯

夜市和熱炒店的定番菜色沙茶牛
肉超級下飯,因為這道菜口味比
較重,就搭配相對清淡的豆包蛋和
木耳芥蘭,再加上家常的蘿蔔排骨
湯,滿足先生的台菜胃。

沙茶牛肉

沙茶牛肉是先生常常敲碗的料理,除了單炒作為主菜,加些麵條就可以變成能在中午快速飽餐一頓的完美主食。

材料

牛肉 … 150g
空心菜 … 1把
大蒜 … 2瓣
油 … 1大匙
醬油 … 1大匙
沙茶醬(固體部分) … 2大匙

〈醃料〉

　沙茶醬 … 1茶匙
　醬油 … 1茶匙
　太白粉 … 1大匙

作法

1 牛肉切條狀後放入調理盆,放入〈醃料〉拌勻,醃漬30分鐘。

2 空心菜去除根部,洗淨後切段。

3 大蒜去皮後切片。

4 在鍋中放入油以及大蒜炒香,接著放入牛肉,炒至七分熟。

5 放入空心菜、沙茶醬以及醬油,大火快炒至熟透即可取出。

豆包蛋

豆包蛋這道菜是這一年來的新歡,豆包單煎就很好吃了,再裹上蛋液和香菜會更增添香氣,口感整體也會更軟綿。

材料

豆包 … 2片
雞蛋 … 1顆
香菜 … 1株
鹽 … 1/4茶匙
油 … 1大匙

作法

1 豆包打開切半;香菜洗淨後切末。

2 雞蛋打入碗中,放入香菜末以及鹽攪拌均勻。

3 將豆包放入蛋液中,浸泡1分鐘。

4 平底鍋放入油以及豆包,煎至雙面金黃色即可。

Memo

◆ 不吃香菜者可不加,或是換成其他的辛香料,如:蔥、韭菜末。

◆ 口味比較重的話,可以煮完後再加入少許的醬油膏跟蒜末煨煮一下。

木耳芥蘭

芥蘭也是冬天常見的葉菜類，因為梗和葉子比較厚實，需要比其他葉菜類炒久一點，這次加上黑木耳，讓整道菜的口感更豐富。

材料

黑木耳（新鮮、乾燥均可）
… 50g
芥蘭菜 … 1把
大蒜 … 1瓣
油 … 1大匙
鹽 … 1/8茶匙

作法

1 黑木耳洗淨後切絲備用。

2 芥蘭洗淨後去除較粗纖維切段。

3 大蒜去皮後切片。

4 在鍋中放入油以及蒜片炒香，轉大火放入木耳絲、芥蘭炒熟後加鹽調味即可。

蘿蔔排骨湯

冬天的白蘿蔔白白胖胖正「著時（台）」，和排骨一起煮湯特別甘甜。我會將白蘿蔔煮到微微透明、完全煮透，另外把皮多削一點，口感會更好哦！

材料

排骨 … 300g
蘿蔔 … 1/2條
水 … 800ml
鹽（視個人口味增減）
… 1茶匙
香菜 … 1株

作法

1 排骨汆燙後取出備用。

2 蘿蔔削皮後切塊。

3 香菜洗淨後切末。

4 在湯鍋中放入排骨、蘿蔔以及水煮滾後轉小火蓋上鍋蓋燜煮40分鐘。

5 40分鐘後加入鹽調味，起鍋前放入香菜即可。

野菇鮭魚煮、起司青花菜、
培根高麗菜、蛤蜊巧達湯

這是寒流來的時候會特別想煮的料理組合。野菇鮭魚煮、起司青花菜和蛤蜊巧達湯都是撫慰人心的療癒系料理，其中野菇鮭魚煮的邪惡程度爆表，醬汁用麵包沾來吃也非常搭哦。

Day3

野菇鮭魚煮

香醇濃郁的白醬、鮭魚與蕈菇是完美組合，這道料理還可以一菜兩吃：
野菇鮭魚煮做好後可以將鮭魚取出當作一道菜，野菇醬汁再加上筆管
麵，就多了一道義大利麵料理！

材料

鮭魚 … 1片	油（煎魚用）… 1/2大匙	〈奶油糊〉
大蒜 … 2瓣	油（拌炒用）… 1/2大匙	奶油 … 15g
洋蔥 … 1/4顆	鮮奶油 … 1/2杯	麵粉 … 1大匙
蘑菇 … 3朵	黑胡椒 … 1/8茶匙	黑胡椒 … 1/4茶匙
鴻禧菇 … 1/2包	海鹽 … 1/4茶匙	
雪白菇 … 1/2包	巴西里 … 1枝	
橄欖油 … 1茶匙		

烹調時間
40分鐘

使用鍋具
平底鍋

宴客料理

宅家定番

作法

1　鮭魚擦乾表面後雙面抹上鹽（分量外），放置15分鐘。

2　大蒜、洋蔥與巴西里切末。

3　準備〈**奶油糊**〉。奶油稍微加熱軟化後，與麵粉以及黑胡椒攪拌均勻。

4　蘑菇擦拭表面後切片；鴻禧菇與雪白菇切除底部後撥散。

5　將鮭魚雙面擦乾後，將鐵鍋加熱倒1/2大匙的油，放入鮭魚，以小火煎3分鐘後翻面煎熟，取出鮭魚。

6　原鍋放入1/2大匙的油、大蒜與洋蔥炒香後，放入三種菇類炒軟，加鹽以及黑胡椒調味。

7　接著放入鮮奶油轉小火，煮1分鐘後放入奶油糊攪拌均勻，醬汁會慢慢變濃稠。

8　最後將鮭魚放入煮1分鐘後熄火，撒上巴西里末即完成。

Memo

◆ 鮮奶油過熱容易油水分離，所以放入鮮奶油後不用煮到大滾。

起司青花菜

你家也有不喜歡吃菜的小朋友嗎？這是道可以讓孩子盡可能多吃蔬菜的料理，雖然需要準備兩種起司，但作法上很簡單，可以嘗試看看喔！

材料

青花菜 … 1/2顆
莫札瑞拉起司 … 1/3杯
帕瑪森起司 … 2大匙
大蒜粉 … 1/4大匙

作法

1 青花菜洗淨削除硬皮，切小朵後汆燙備用。

2 準備一個調理盆，放入帕瑪森起司、大蒜粉以及青花菜，攪拌均勻。

3 將青花菜放鍋中，撒上莫札瑞拉起司，用小火蓋上鍋蓋，燜3-5分鐘即可。

Memo

◆ 步驟 3 的時候，也可以改成直接放進烤箱加熱至表面的起司融化。

培根高麗菜

高麗菜偏好涼爽的天候，因此冬天時特別甘甜。培根為高麗菜帶來一些肉香，也是道快速的家常料理。

材料

高麗菜 … 200g
培根 … 2片
大蒜 … 2瓣
黑胡椒 … 適量
鹽 … 適量

作法

1 高麗菜洗淨後切條狀；培根切細條；大蒜去皮後切末。

2 鍋中放入培根，用小火慢煎，煎出油脂後放入蒜末炒香。

3 放入高麗菜拌炒至熟透後，加入黑胡椒以及鹽調味即可。

Memo

◆ 培根已經有鹹度，鹽可視個人口味增減。

蛤蜊巧達湯

蛤蜊巧達湯作法不難，只是材料和步驟比較多，若改用綜合海鮮替代蛤蜊也很豐盛。如果當作早餐或點心，可以將中小型的歐包上緣切開後挖出麵包將湯盛入，視覺效果很棒又可以吃得非常飽！

材料

蛤蜊 … 600g
鮮奶油 … 200ml
雞高湯 … 1L
培根 … 8條
西洋芹 … 5根
洋蔥 … 1/2顆
馬鈴薯 … 1顆

蘑菇 … 4朵
海鹽（視個人口味增減）… 約1.5大匙
義式綜合香料 … 1大匙
黑胡椒 … 1大匙

烹調時間
60 分鐘

使用鍋具
湯鍋

搭配廚具
食物攪拌棒

宅家定番

作法

1　蛤蜊放入鹽水中吐沙2小時。

2　將蛤蜊放進滾水中燙熟，取出蛤蜊肉備用。

3　培根、西洋芹、洋蔥、馬鈴薯與蘑菇切成小丁。

4　在鍋中放入培根丁炒香，炒至金黃色可稍微瀝油。

5　繼續放入西洋芹、洋蔥與馬鈴薯拌炒，至洋蔥軟化後加入雞高湯煮滾。

6　用攪拌棒將 5 打勻，倒回湯鍋中。

7　放入香料以及海鹽煮3分鐘，至所有食材熟透後，加入鮮奶油與蛤蜊肉用小火煮滾即可。

乾式牛肉咖哩、蒸野菜、蘋果茶

今天稍微偷懶一點，主菜是做起來很快速的乾式牛肉咖哩，我覺得很像咖哩口味的滷肉飯。蒸野菜可以吃到蔬菜的原味，搭配比較重口味的咖哩非常適合，而且料理上可以跟牛肉咖哩同時進行。

Day4

乾式牛肉咖哩

這道料理只要炒香咖哩香料後放入絞肉及番茄糊炒熟就完成了，口味算是帶點酸味的咖哩，非常開胃且下飯，拌飯非常好吃。

材料

牛絞肉 … 200g
洋蔥 … 1/2顆
番茄膏 … 2大匙
咖哩綜合香料 … 2大匙
油 … 1大匙

烹調時間
25 分鐘

使用鍋具
平底鍋

快速料理

宅家定番

作 法

1　洋蔥切末。

2　在鍋中放入油、咖哩綜合香料炒香。

3　放入洋蔥末，炒至透明。

4　加入牛絞肉一同拌炒。

5　待牛絞肉熟了之後放入番茄膏調味，煮2分鐘即可。

Memo

◆　如果沒有咖哩綜合香料的話，可以用咖哩塊代替。用1小塊
　　先切碎，並在最後食材都熟透後，放入攪拌均勻就可以了。

蒸野菜

....

蒸野菜可以選擇當季蔬菜、尤其是根莖類為主，有幾個原則：一、選口感比較接近的蔬菜，原因是蒸的時間也會比較一致。二、將需煮較久的蔬菜切小一點，例如將紅蘿蔔切薄片。

材料

花椰菜 … 80g
青花菜 … 80g
紅蘿蔔 … 40g
玉米筍 … 40g
〈醬料〉

　橄欖油 … 1大匙
　海鹽 … 1/8茶匙
　黑胡椒 … 1/8茶匙

作法

1 花椰菜、青花菜洗淨後削除硬皮，分成小朵。

2 紅蘿蔔切成薄片；玉米筍洗淨後斜切一刀。

3 將〈醬料〉的所有材料攪拌均勻。

4 將所有材料放進蒸籠後，將蒸籠放進放了水（分量外）的湯鍋中。

5 用大火煮滾後起算，計時8分鐘，將蒸籠蓋打開。淋上醬料即可享用。

蘋果茶

原本丟個紅茶包就結束的普通紅茶，只要順手削個蘋果，加一點點糖，就是酸酸甜甜的自家蘋果紅茶囉！

材料

蘋果 … 1顆
紅茶包 … 1個
熱水 … 400ml
二砂 … 20g

作法

1 蘋果洗淨後切塊（保留1/5放置杯中）。

2 將水放進牛奶鍋中，放入蘋果塊煮3分鐘。

3 放入二砂煮至溶解後關火，放入紅茶包靜置1分鐘。

4 取出蘋果與紅茶包，將蘋果茶倒入裝有蘋果塊的杯中即可。

吮指香雞翅、洋蔥馬鈴薯、
奶油白菜野菇、
花椰菜濃湯

雞翅的中翅因為肉質軟嫩、便於料理，一直是我很喜愛的雞肉部位之一。今天是用有著奶油和醬油焦香的雞翅搭配兩道濃郁系蔬菜，另外花椰菜濃湯其實意外的很清爽哦！

Day5

吮指香雞翅

只要在雞翅骨頭關節的地方,用剪刀或菜刀輕輕剪開(劃開),就可以輕易的將中翅一分為二。這個方式適合料理新手煮雞翅方便判斷熟度,另外只剩一根骨頭,小朋友也更容易享用。

中翅 … 10支
橄欖油 … 1茶匙
奶油 … 10g
醬油 … 1大匙
開水 … 1大匙
新鮮迷迭香 … 1根

烹調時間
25 分鐘

使用鍋具
平底鍋

簡易料理

宅家定番

作法

1 將雞中翅壓乾水分，並且沿著骨頭一分為二。

2 開大火熱鍋，倒入橄欖油潤鍋轉小火。

3 將雞翅放入1分鐘後，轉中火煎至底部金黃色。

4 翻面再煎至金黃色後，放入奶油、醬油、開水以及迷迭香。

5 轉小火，蓋上鍋蓋燜煮3分鐘。

6 打開鍋蓋，繼續煮至收汁即可。

Memo

◆ 無新鮮迷迭香可用1/2茶匙的乾燥迷迭香代替。

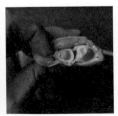

洋蔥馬鈴薯

這道其貌不揚的料理一直是我的最愛。把洋蔥切絲,慢炒到有點焦糖化,再加上口感微脆又鬆軟的馬鈴薯絲。調味上也非常單純。

材料

洋蔥 … 1顆
馬鈴薯(中型) … 1顆
橄欖油 … 2大匙
飲用水 … 1大匙
鹽 … 1/8茶匙
黑胡椒 … 適量

作法

1 洋蔥切絲;馬鈴薯削皮後切絲。

2 開大火熱鍋,倒入橄欖油轉中火放入洋蔥炒軟。

3 繼續炒至洋蔥有點焦黃且出現甜味後,加入馬鈴薯絲拌炒。

4 加入1大匙的水,蓋上鍋蓋燜煮至水分收乾。打開鍋蓋後翻炒,並加入鹽與黑胡椒調味即可。

奶油白菜野菇

奶油白菜的菜梗比小白菜、黑葉白菜等吃起來更柔和,脆中帶軟,是我喜歡的口感,加上梗白葉綠,端上桌也好看。這次我們是用縱切,看起來更有外國感(哪來的錯誤想法)!

材料

奶油白菜 … 200g
鴻禧菇 … 1/2包
雪白菇 … 1/2包
橄欖油 … 1大匙
鹽 … 約1/4茶匙

作法

1 鴻禧菇以及雪白菇從包裝中取出後,去除根部,將菇撥散。

2 奶油白菜洗淨後切除根部,縱切。

3 開大火熱鍋,倒入橄欖油,接著轉中火放入菇類拌炒。

4 約炒1分鐘、至菇類出水後,放入奶油白菜。

5 將奶油白菜炒軟後放入鹽調味。

花椰菜濃湯

花椰菜泥帶點清爽的感覺,再加入蒜苗、綜合香料跟肉豆蔻,更強調濃郁中的清新風味,又是一道能發揮花椰菜優點的料理。

材料

花椰菜 … 300g
蒜苗 … 1根
油 … 1茶匙
熱開水 … 200ml
鮮奶 … 50g
鹽 … 1/8茶匙
肉豆蔻 … 約1/5顆

作法

1 花椰菜洗淨後去除硬皮,切成小塊。

2 蒜苗切末;肉豆蔻磨成粉末狀。

3 在湯鍋中放入油以及蒜苗炒香。

4 蒜苗香味出來後,放入花椰菜拌炒1分鐘。

5 注入熱開水以及鮮奶,煮5分鐘後放入鹽以及肉豆蔻粉調味。

6 用食物攪拌棒將 5 打勻即可。

Day6

蝦仁珍珠丸、

照燒杏鮑菇、

蒜香菠菜、

山藥雞湯

吃了不少奶油白醬的料理，今天來個清爽的中菜風格。自製珍珠丸很簡單，還可以加入蝦仁讓整體更有鮮味，搭配兩道快炒蔬菜，以及適合冬天的暖暖雞湯。

蝦仁珍珠丸

將傳統珍珠丸使用的糯米以長米替換，好消化也可以縮短製作時間。
這個食譜的珍珠丸比較大顆，約可作8顆，若是一般珍珠丸大小的話可
做到10-12顆，也需要多準備一些蝦仁。

〈肉丸〉

豬絞肉 … 250g	白胡椒粉 … 1/2茶匙
香油 … 1茶匙	米酒 … 1茶匙
醬油膏 … 2茶匙	薑末 … 1茶匙
鹽 … 1/4茶匙	蛋液 … 30g
	蔥花 … 2大匙
	太白粉…2茶匙

蝦仁…8尾
長米…120g

烹調時間
20 分鐘

使用鍋具
蒸籠

宅家定番

作法

1 將長米洗淨，泡水（分量外）1.5小時後瀝乾備用。

2 準備一個調理盆，將〈**肉丸**〉的所有材料放入後，開始不停地攪拌摔打，直到肉餡出筋（約2分鐘左右）。

3 將肉餡整成圓餅狀後分成8等份，放入蝦仁，捏成丸子狀。

4 將長米鋪在盤上，在米上輕滾丸子，直到米粒包覆住肉丸，再用手稍微輕壓、將米壓實。

5 重複此動作至完成8顆珍珠丸。

6 將蝦仁珍珠丸放在蒸籠裡，放入下方有水的湯鍋中，蒸15分鐘即可。

Memo

◆ 絞肉肉餡攪拌前感覺比較水，經過甩打後豬肉就會產生黏性，也容易捏成丸狀了。

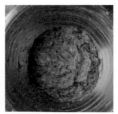

照燒杏鮑菇

杏鮑菇的口感扎實,單做成一道菜也絕不單薄。這道照燒杏鮑菇作法超級容易,鹹中帶甜的口味,大人小孩都很喜歡。

材料

杏鮑菇 … 2條
大蒜 … 1瓣
油 … 1茶匙
醬油 … 1大匙
味醂 … 1大匙
二砂 … 1茶匙

作法

1 杏鮑菇滾刀切塊。

2 大蒜去皮後切片。

3 鍋中放入油以及蒜片,炒至蒜片變金黃色。

4 接著放入杏鮑菇,煎至表面微焦後放入醬油、味醂以及二砂。

5 用中小火煮2分鐘至醬汁變濃稠即可盛盤。

蒜香菠菜

菠菜炒可以說是最能享受到菠菜原味的基本煮法,記得用大火快炒,在菠菜出水、顏色變深時就準備加鹽盛盤了。

材料

菠菜 … 1把
大蒜 … 2瓣
油 … 1大匙
鹽 … 1/8茶匙

作法

1 菠菜切除根部後洗淨切段。

2 大蒜去皮後切片。

3 鍋中放入油以及蒜片炒香,接著放入菠菜大火快炒。

4 最後加鹽調味即可。

山藥香菇雞湯

冬天最愛喝各式各樣的雞湯了。山藥雞湯是我家很常煮的湯品，雞肉燉得軟嫩，一口咬下就骨肉分離，而山藥只要在最後10分鐘放入，就可以達到非常鬆軟的口感哦。

材料

雞腿 … 1隻
山藥 … 300g
乾香菇 … 3片
薑片 … 3片
水 … 1000ml
鹽 … 1茶匙

作法

1 乾香菇用水泡開。

2 雞腿切塊，汆燙後撈起。

3 山藥去皮後切塊。

4 在鍋中放入雞肉、香菇、薑片以及水煮滾，接著轉小火蓋上鍋蓋，煮30分鐘。

5 打開鍋蓋放入山藥煮10分鐘，加入鹽調味即可。

芥蘭牛肉炒麵、香根白玉炒、麻油薑絲豬肝湯

芥蘭牛肉炒麵的調味會用到沙茶以及咖哩，這是先生帶我去基隆吃到的好味道，也是先生從小吃到大的料理，搭配口感很棒的香根白玉炒和麻油豬肝湯，養生又溫暖。

Day 7

芥蘭牛肉炒麵

· · · · · · · · · · · · · · · · ·

芥蘭牛肉炒麵可以直接當作主食，有肉有菜、營養滿分，不加麵條就可以當作一道菜。家庭版的調味會清爽一些，也更無負擔一點。

材料

芥蘭菜 … 1把
牛肉（炒肉塊）… 200g
大蒜 … 2瓣
油（芥蘭用）… 1/2大匙
油（牛肉用）… 1/2大匙
沙茶醬 … 1大匙
咖哩綜合香料 … 1大匙

鹽 … 1/8茶匙
烏龍麵 … 2包
煮麵水 … 20ml

〈醃料〉
沙茶醬 … 1茶匙
咖哩綜合香料 … 1茶匙
太白粉 … 1大匙

作法

1　芥蘭菜洗淨後切段。牛肉用〈醃料〉抓醃30分鐘備用。

2　大蒜去皮切末。

3　另起一鍋，將烏龍麵放進1000ml滾水（分量外）中，再次沸騰後即可撈起備用，請保留20ml的煮麵水。

4　在鍋中倒入油以及大蒜炒香，放入芥蘭大火快炒至熟透後起鍋。

5　鍋子洗淨後，放入油以及牛肉拌炒。

6　牛肉炒至七分熟時，放入烏龍麵、芥蘭、煮麵水、沙茶醬、咖哩綜合香料以及鹽，拌勻後燜煮1分鐘。

7　大火快炒30秒後即可起鍋。

香根白玉炒

白蘿蔔切條炒至斷生（生味去除）但又保留口感時特別好吃，和煮湯時吸飽湯汁的白蘿蔔各有千秋，配上香菜也非常迷人。

材料

白蘿蔔 … 1/3條
香菜 … 3株
蝦米 … 10g
油 … 1大匙
水 … 2大匙
鹽 … 1/8茶匙
白胡椒 … 1/8茶匙

作法

1 蝦米泡水（分量外）20分鐘，撈起瀝乾備用。

2 白蘿蔔洗淨後削皮，切成條狀。

3 香菜洗淨後切成與白蘿蔔條等長的長段。

4 在鍋中放入油以及蝦米炒香。

5 放入白蘿蔔與水攪拌均勻，蓋上鍋蓋煮至白蘿蔔略呈透明，放入香菜一同拌炒。

6 最後加入鹽以及白胡椒調味即可。

麻油薑絲豬肝湯

薑絲豬肝湯很簡單，而要軟嫩好吃的祕訣就是豬肝不要久煮。水滾後放入豬肝10秒，立刻關火泡1分鐘，之後再跟麻油薑絲湯煮個30秒，不但口感絕佳，湯頭也沒有雜質。

材料

豬肝 … 150g
水（汆燙用）… 500ml
水（湯底用）… 600ml
薑絲 … 10g
麻油 … 1大匙
米酒 … 1茶匙
鹽 … 少許

作法

1 豬肝放進冷水（分量外）泡30分鐘，取出瀝乾切片備用。

2 將500ml的水煮滾，放入豬肝煮10秒後關火，燜1分鐘後將豬肝撈起瀝乾。

3 另起一鍋，放入麻油與薑絲炒香後加水600ml。

4 水滾後放入米酒以及豬肝，30秒後加入鹽調味即可熄火。

波隆納肉醬麵

我非常喜歡波隆納肉醬麵,而且只要到新的義大利麵店第一次通常會點這一道,因為只要看肉醬好不好吃,就可以知道店家認真的程度。好吃的肉醬需要長時間燉煮,先以洋蔥、紅蘿蔔以及西洋芹炒出帶甜味的蔬菜基底 Soffritto,再炒絞肉,最後放入番茄泥,這樣口味跟口感才會好。這邊是做沒有酒精,小孩也適合的版本!

材料

義大利麵（Linguine）
… 200g

帕瑪森起司 … 適量

〈肉醬〉

牛絞肉 … 400g

豬絞肉 … 250g

洋蔥 … 100g

紅蘿蔔 … 70g

西洋芹 … 70g

橄欖油 … 2大匙

義大利綜合香料 … 1大匙

黑胡椒 … 1/8茶匙

番茄泥 … 700ml

番茄膏 … 2大匙

雞高湯 … 300ml

月桂葉 … 1片

鮮奶油 … 50g

鹽 … 適量

烹調時間
3 小時

使用鍋具
鑄鐵鍋

宅家定番

作法

1 製作〈**肉醬**〉。洋蔥剝皮、紅蘿蔔削皮、西洋芹去除粗纖維，切成接近末的小丁。

2 在湯鍋中放入橄欖油以及 1，拌炒3分鐘至蔬菜甜味出現。

3 加入牛絞肉以及豬絞肉，炒散並炒熟。由於絞肉分量較多，需要炒比較久的時間。

4 加入義大利綜合香料、黑胡椒調味後，放入番茄泥、番茄膏、高湯以及月桂葉煮滾。

5 蓋上鍋蓋用中小火燉煮2小時。

6 在肉醬快煮好時，將義大利麵放進滾水中，依照包裝指示烹煮後撈起至盤中備用。麵條也可使用 Tagliatelle 會更對味。

7 打開 5 的鍋蓋，倒入鮮奶油攪拌均勻後加入鹽調味。

8 最後把肉醬淋在 6 的麵上，撒上帕瑪森起司即可。

Memo

◆ 因為肉醬需要長時間烹煮，可以一次多煮一點，放涼後分裝至冷凍備用，不管是做義大利麵、千層麵、焗烤都很方便。食譜中的肉醬約為6-8人份。

一鍋到底的方便料理

本章收錄能讓做飯的人稍微鬆一口氣、只要做這一道就可以完成一餐的主食類料理。有點時間的話多炒個青菜搭配就更豐富了。這裡的食譜多以澱粉類為主，從台式、日式到西式均有，可以慢慢嘗試看看！

關東煮

關東煮是冬天必備的料理。煮上一鍋配上滿滿的料，吃得滿足又有湯可喝。除了白蘿蔔、竹輪、水煮蛋等必備食材，也可以選擇自己喜愛的材料，另外自製的湯底也可以應用在涮涮鍋上唷。

材料

〈湯底〉

昆布 … 20g

柴魚 … 10g

水 … 2L

鰹魚醬油 … 2大匙

味醂 … 2大匙

白蘿蔔 … 1條

紅蘿蔔 … 1條

玉米 … 1條

米血 … 150g

油豆腐 … 4塊

丸子 … 6顆

竹輪 … 1條

水煮蛋 … 2顆

作法

1 沖洗〈**湯底**〉的昆布表面後放入湯鍋中加入水，泡1小時。

2 將 1 移至爐火上煮滾，取出昆布後放入柴魚片立刻關火，靜置2分鐘。

3 撈除柴魚片後加入鰹魚醬油、味醂完成湯底，使用前再次煮滾即可。

4 將紅、白蘿蔔削皮後切大塊；玉米對半切。

5 將紅、白蘿蔔以及玉米先放入湯鍋中，煮30分鐘。

6 接著放入其他所有食材，煮10-20分鐘後，即可享用。

Memo

◆ 步驟 1 的昆布可在前一晚預先浸泡，湯底可視個人口味加鹽。

◆ 關東煮的沾醬可用黃芥末或味噌沾醬。

雞肉飯

....

我家的雞肉飯不是嘉義的火雞肉飯,而是比較偏向海南雞飯的做法。
口味較淡的話可以直接單吃,口味較重的話可以另做蔥油醬或醬油醬
汁淋在雞肉上,一次可以多做一餐份量,隔天直接帶便當!

材料

去骨雞腿肉 … 2片
蔥 … 1枝
薑 … 3片
鹽 … 1/4茶匙
白米 … 1.5杯
雞肉湯汁 … 1.5杯

烹 調 時 間
80分鐘

使 用 鍋 具
鑄鐵鍋

作法

1 白米洗淨，泡水半小時瀝乾備用。

2 雞腿肉雙面抹鹽，放置30分鐘；蔥切段；薑切片。

3 將 2 的雞腿放進有滾水的鑄鐵鍋中，用小火煮5分鐘。

4 取出雞腿、湯汁。原鍋倒入米、蔥段、薑片、雞腿、1.5杯雞肉湯汁。

5 開中火煮滾後蓋上鍋蓋，轉小火煮12分鐘。

6 熄火靜置，燜12分鐘。

7 開蓋挑出蔥、薑，並取出雞肉取出切塊。

8 飯盛入碗中，再放上雞肉完成。

Memo
◆ 醬油醬汁請等比例煮沸醬油2大匙、砂糖1大匙、蒜末1茶匙。
◆ 蔥油醬可用蔥花1杯＋薑末1大匙＋胡椒鹽1/4茶匙，淋熱油1杯。

鮭魚炊飯

煎、烤、燉、煮都很美味的鮭魚，是我家常備的海鮮食材之一。這道鮭魚炊飯相當簡單，而且鮭魚在煮的時候會釋放油脂跟香氣，覆滿鮭魚油脂的米飯非常好吃，偷偷說每次我都會吃兩大碗呢！

烹調時間
70分鐘

使用鍋具
鑄鐵鍋

簡易料理

宅家定番

材料

鮭魚 … 1片
舞菇 … 1包
毛豆 … 20g
蒜苗 … 1枝
白米 … 1.5杯
水 … 1.5杯
鰹魚醬油 … 2大匙

味醂 … 1大匙
白胡椒 … 1/8茶匙
醬油 … 1大匙

作法

1 白米洗淨後泡水30分鐘,瀝乾備用。

2 剝除鮭魚皮並去除魚刺。對海鮮腥味比較敏感的話可用米酒(分量外)醃漬鮭魚10分鐘。

3 舞菇從包裝中取出並撥開。

4 蒜苗斜切,蒜白與蒜綠分開放。

5 在鍋中放入醬油和蒜綠以外的所有材料,用中火煮滾。

6 蓋上鍋蓋,轉小火煮12分鐘,時間到關火繼續燜15分鐘。

7 打開鍋蓋,將鮭魚搗碎、撒上蒜綠、淋上醬油,拌勻即可享用。

牛肉豆腐鍋

平常外食時最喜歡吃鍋了。牛肉豆腐鍋可以在未煮前上桌，開火待湯滾享用，並另外多準備一些牛肉片及其他食材邊煮邊吃，也可以直接在瓦斯爐上煮好直接上桌，湯底則是柴魚高湯。

牛肉片 … 150g   〈高湯〉
豆腐 … 1盒   水 … 1000ml
大蔥 … 1根   柴魚片 … 20g
鮮香菇 … 3朵   鹽 … 適量
娃娃菜 … 3株
金針菇 … 1把
紅蘿蔔 … 1/4條
高麗菜 … 1/4顆

烹調時間
55分鐘

使用鍋具
湯鍋

簡易料理

作法

1　豆腐切塊；大蔥斜切；紅蘿蔔削皮切片。

2　娃娃菜洗淨後切除底部較粗的梗後對半切。

3　高麗菜洗淨撥成小片；金針菇切除下方根部。

4　製作柴魚高湯。將1000ml水煮滾後放入柴魚片，熄火靜置5分鐘。

5　將4的柴魚片過濾乾淨，加鹽調整鹹淡即完成高湯。

6　另取一湯鍋，放入高麗菜墊底。

7　放入豆腐、大蔥、香菇、娃娃菜、金針菇、紅蘿蔔以及牛肉片。

8　最後注入高湯，煮沸後即可享用。

什錦炒米粉

小時候一直以為米粉是用炒的，直到自己開始煮飯才發現米粉要用燜的，才會在蒸透的同時保有濕潤感。另外炒米粉香氣要足夠，在爆香階段很重要，確實將乾香菇炒香，就能做出美味的炒米粉！

材料

肉絲 … 150g
乾香菇 … 8朵
紅蘿蔔絲 … 80g
黑木耳絲 … 80g
高麗菜絲 … 200g
蝦米 … 20g
蒜苗（斜切）… 1根
油 … 1大匙

醬油（香菇用）… 1大匙
米粉 … 200g
水 … 300ml
醬油 … 3大匙
烏醋 … 1大匙
白胡椒 … 1/4茶匙
芹菜末 … 2大匙

〈醃料〉
| 米酒 … 1茶匙
| 醬油 … 1人匙

烹調時間
50分鐘

使用鍋具
鑄鐵鍋

作法

1 將肉絲用〈醃料〉醃漬10分鐘。

2 乾香菇、蝦米泡水。泡軟後將水分擠乾，香菇切絲。

3 米粉依購買包裝上指示過水後瀝乾。

4 在鍋中放入油，放入乾香菇用小火炒香。

5 炒至香菇水分蒸發後，倒入醬油1大匙續炒。

6 待香菇吸飽醬油後放入肉絲炒熟，接著。放入蝦米、蒜苗炒香。

7 放入紅蘿蔔絲、黑木耳絲、高麗菜絲炒軟。

8 放入米粉、水、醬油、烏醋以及白胡椒拌勻，上蓋燜煮3-5分鐘。

9 打開鍋蓋，待水分收乾後撒上芹菜末即完成。

松露野菇燉飯

料理燉飯對我來說是一件非常療癒的事情,因為從生米細炒、慢慢加水至熟透,每一次攪拌都會產生不同的變化。每次的水量都會稍有不同,因此高湯可以多準備一點。口味以松露醬、菇類搭配白醬。

烹調時間
45分鐘

使用鍋具
平底深鍋

宅家定番

材料

白米 … 1.5杯
蘑菇 … 50g
鮮香菇 … 60g
杏鮑菇 … 50g
洋蔥 (約半顆) … 100g
大蒜 … 10g
橄欖油 … 1大匙

雞高湯 … 約400ml
松露醬 … 30g
海鹽 … 1茶匙
鮮奶油 … 3大匙

作法

1　白米洗淨後瀝乾。

2　蘑菇、鮮香菇與杏鮑菇切片。洋蔥與大蒜去皮切末。

3　在鍋中放入橄欖油、洋蔥、蒜末，炒至洋蔥變透明後放入白米攪拌均勻。

4　轉小火，放入100ml高湯慢慢攪拌。待收乾再放入100ml繼續攪拌。

5　待高湯收乾後開始放入50ml，重複 4 的動作煮至米心快熟透。

6　放入蘑菇、香菇以及杏鮑菇一同拌炒。

7　至米粒達喜歡的熟度，放入松露醬、海鹽以及鮮奶油，轉中火拌勻即可。

Memo

◆ 燉飯所需的高湯量會依火力、米粒吸水程度而不同，可多準備一些。第一、二次先加100ml高湯，第三次開始改為50ml，待米吸飽高湯後再加入新的高湯。

◆ 基本上要煮至少30分鐘。

慢燉蔬菜雞腿

以前在國外很常煮這道料理，可以加不同的蔬菜，一定會用到的是洋蔥、馬鈴薯跟高麗菜。將材料依序鋪上後撒一點鹽，就可以利用鑄鐵鍋鍋內的熱循環來燉煮，是相當經典的慢燉無水料理唷！

材料

雞腿 … 5隻（約700g）
高麗菜 … 300g
洋蔥 … 1顆
馬鈴薯 … 1顆
紅蘿蔔 … 1/2條
鹽 … 1/4茶匙

烹調時間
35 分鐘

使用鍋具
鑄鐵鍋

宅家定番

作法

1　高麗菜洗淨後用手撕程約拳頭大小。

2　馬鈴薯、紅蘿蔔削皮後切塊。

3　洋蔥去皮切成塊狀。在鑄鐵鍋中放入洋蔥鋪底。

4　依序放上馬鈴薯、紅蘿蔔、高麗菜以及雞腿，均勻地撒上鹽。

5　將鑄鐵鍋移至爐上，用小火煮滾。

6　蓋上鍋蓋計時煮30分鐘即完成。

Memo

◆ 這道是無水料理，所以從一開始就要用小火慢煮。蔬菜都會有水分釋出，所以不用擔心燒焦。

雞肉白醬筆管麵

我最喜歡的義大利麵當然也有一鍋到底的偷懶煮法。這道雞肉白醬筆管麵用一鍋到底，麵體更能吸附醬汁，白醬中除了鮮奶油，還加了奶油、帕瑪森起司來增加濃郁的口感和香氣。

材料

去骨雞腿排 … 2片
筆管麵 … 200g
雞湯 … 1.5杯
蒜末 … 1大匙
鮮奶油 … 1/2杯
帕瑪森起司 … 1杯
鹽 … 適量

〈奶油糊〉
| 奶油 … 1大匙
| 麵粉 … 1大匙

作法

1　雞腿排去皮以及多餘的脂肪切塊。

2　奶油放置室溫軟化後與麵粉攪拌均勻，製成〈**奶油糊**〉。

3　在鍋中放入雞腿塊、蒜末拌炒至雞肉表面發白。

4　放入筆管麵、雞湯，用中小火燉煮約8分鐘。

5　煮至水分差不多快收乾後放入〈**奶油糊**〉不停攪拌。

6　放入鮮奶油，持續攪拌。

7　放進帕瑪森起司以及鹽調味，攪拌均勻即可。

Memo

◆ 每家的帕瑪森起司鹹度都不太一樣，所以鹽可以視個人口味來增減。

蒸蛋烏龍麵

這道料理來自日劇，一開始有點震驚，但實際做過後發現很好吃！在蒸蛋的滑嫩中有烏龍麵的彈牙，還可以搭配其他喜歡的配料。

材料 (2份)

烏龍麵 … 1包
雞蛋 … 3顆
柴魚高湯 … 280ml
鰹魚醬油 … 1大匙
蝦子 … 2尾
鮮香菇 … 1朵
蘆筍 … 2根

作法

1 烏龍麵燙軟備用；雞蛋打入碗中攪拌均勻。

2 將蛋液、柴魚高湯（作法見 P.253）以及鰹魚醬油放進調理盆中拌勻，用篩子過濾一次。

3 蝦子剝殼、挑腸泥；香菇對半切。

4 蘆筍切除下方較粗纖維，斜切1刀。

5 在碗中放入烏龍麵、蝦子、香菇以及蘆筍，放進高湯蛋液。

6 放進蒸籠蒸8分鐘，再燜8分鐘即可。

香酥海鮮煎餅

煎餅好吃的祕訣是麵糊的比例和油量稍微多一點,煎起來才會酥脆。

材料

蝦仁 … 10尾
透抽 … 80g
米酒 … 1茶匙
油 … 1大匙

〈麵糊〉
  高麗菜絲 … 100g
  紅蘿蔔絲 … 30g
  洋蔥絲 … 20g
  麵粉 … 120g
  玉米粉 … 50g
  氣泡水 … 160ml
  雞蛋 … 1顆
  鹽 … 1/8茶匙
  白胡椒 … 1/8茶匙

作法

1 蝦仁去除腸泥;透抽切條狀後,用米酒抓醃10分鐘。

2 將〈麵糊〉的所有材料放進調理盆中攪拌均勻。

3 鍋中放入油,煎炒蝦仁跟透抽至七分熟。

4 將 2 的煎餅麵糊倒入,用中小火慢煎,1-3分鐘後翻面。

5 煎至雙面金黃色即可。

給自己的
療癒料理

廚房是我的祕密空間,除了為家人料理三餐,還有一些可以犒賞自己、但可能平時不常跟家人一起吃或是熱量比較高的料理。這邊會用最簡單基礎的方式,向大家介紹我心目中最撫慰人心的料理。

水果鬆餅

只吃鬆餅比較沒有變化,加入水果可以增加不同的口感跟甜味。食譜
中使用藍莓,藍莓經過烹調後甜味會更加釋放,盛盤後放上一大塊奶
油,甚至再加上楓糖漿和鮮奶油,再多的煩惱都一掃而空了。

材料

藍莓 … 80g
低筋麵粉 … 120g
泡打粉 … 8g
糖 … 10g
鹽 … 一小撮
雞蛋 … 1顆

鮮奶 … 160ml
奶油 … 10g

烹調時間
35分鐘

使用鍋具
平底鍋

作法

1 藍莓洗淨瀝乾。

2 準備一個調理盆，放入過篩的低筋麵粉、泡打粉、糖以及鹽攪拌均勻。

3 打入雞蛋，慢慢加入鮮奶攪拌均勻。

4 每個品牌的麵粉吸水力不同，鮮奶可先留一點點，視麵糊濃稠度增減。

5 在 4 的麵糊中加入藍莓拌勻。

6 在鍋中放入奶油用中小火融化，接著以湯杓挖一杓麵糊，倒入鍋中。

7 麵糊開始起泡泡後翻面，煎至金黃色即可。

8 持續煎至麵糊全數煎完。

Memo

◆ 將低筋麵粉、泡打粉、糖以及鹽依照食譜的等比例放進密封罐中就是自製鬆餅粉。一次可以多做一些，使用時以1杯的自製鬆餅粉搭1顆雞蛋、180ml 的鮮奶就是鬆餅麵糊。

炸魚薯條

我最愛馬鈴薯的鬆軟口感,所以薯條會切得比較粗;炸魚的部分,使用白肉魚像無刺的比目魚、鯛魚、鱈魚都適合。通常炸魚的麵糊會用啤酒來做,食譜中改用氣泡水,另外也附上沾醬的食譜。

材料

		〈塔塔醬〉
鯛魚菲力 … 2塊	鹽 … 1/8茶匙	美乃滋 … 3大匙
麵粉 … 1杯	黑胡椒 … 1/8茶匙	洋蔥碎 … 1大匙
玉米粉 … 1/2杯	馬鈴薯 … 1顆	酸黃瓜 … 1大匙
泡打粉 … 2g	油 … 2杯	檸檬汁 … 5ml
氣泡水 … 1/2杯		黑胡椒 … 1/8茶匙

烹調時間
55分鐘

使用鍋具
鑄鐵鍋

作法

1 製作〈塔塔醬〉。將美乃滋、洋蔥碎、酸黃瓜、檸檬汁以及黑胡椒拌勻。

2 馬鈴薯洗淨後切條狀,泡水1分鐘(分量外)洗去表面澱粉。

3 另準備一個湯鍋裝水煮滾,放入馬鈴薯煮8分鐘後撈起。

4 鯛魚菲力用廚房紙巾壓乾,雙面撒鹽、黑胡椒放置30分鐘。

5 將麵粉、玉米粉、泡打粉以及氣泡水攪拌均成麵糊,靜置30分鐘。

6 鑄鐵鍋中放入油,待油溫到170℃後放入馬鈴薯,炸至表面快變成金黃色時,拉高溫度炸至金黃色起鍋。

7 以廚房紙巾壓乾鯛魚菲力的水分。魚片雙面先沾附少許麵粉,再沾上 5 的麵糊。

8 接著炸魚片。油溫170℃時放入魚片,炸至快變成金黃色時可拉高溫度,炸至金黃色起鍋。

Memo

◆ 步驟乍看有點複雜,這邊再整理一次製作順序:先做醬料 ➡ 處理馬鈴薯 ➡ 馬鈴薯水煮時處理魚片、麵糊 ➡ 靜置魚片和麵糊時炸馬鈴薯 ➡ 炸魚,把流程想好就可以做得更順手。

點心

烹調
時間
25
分鐘

使用
鍋具
平底
鍋

簡易料理

酥脆洋芋

這道酥脆洋芋使用少量動物性油脂來煎，再搭配上香料，吃起來外酥內鬆軟，又可以避免油炸攝取過多油脂。當作主食也不錯！

材料

馬鈴薯 … 1顆
大蒜 … 2瓣
鴨油 … 1大匙
義大利綜合香料
… 1/4茶匙
海鹽 … 1/8茶匙

作法

1 馬鈴薯洗淨後削皮切塊狀；大蒜輕壓備用。

2 取一鍋放入冷水（分量外）和馬鈴薯，以小火煮10分鐘後撈起瀝乾備用。

3 在鍋中放入鴨油、大蒜以及馬鈴薯，用中小火慢煎。

4 煎時讓馬鈴薯均勻沾附鴨油並避免一直翻面。

5 將馬鈴薯煎至金黃色後，撒上義大利綜合香料、海鹽，拌勻後即可起鍋。

蒜辣炒飯

....

炒飯的學問和口味變化很多，而我喜歡最簡單的炒飯，主要食材只有辛香料、雞蛋以及飯而已，最後再加上醬油提香。

材料

白飯 … 1碗
雞蛋 … 1顆
大蒜 … 3瓣
橄欖油 … 1大匙
辣椒 … 1/2條
蔥花 … 適量
醬油 … 1茶匙
鹽 … 適量

作法

1 大蒜切末；辣椒切圈狀（怕辣的話可去籽）；雞蛋打入碗中備用。

2 炒鍋中放入一半的油，熱油後放入雞蛋拌炒，炒至凝固後馬上起鍋。

3 在同一鍋中放入剩下的油，放入蒜末炒香。

4 加入白飯拌炒，白飯炒開後放入雞蛋與辣椒拌炒。

5 在鍋緣淋下醬油炒均勻，加鹽調味，起鍋前撒入蔥花即可。

起司通心粉

美劇中超級常出現的起司通心粉，有微波、水煮、砂鍋菜等多種形式和口味。這邊是最基本的版本，別忘了重點是滿滿的起司！

材料

通心粉 … 200g
切達起司 … 100g
帕瑪森起司 … 20g
奶油 … 30g
麵粉 … 2大匙
鮮奶油 … 1/2杯
黑胡椒 … 1/8茶匙

作法

1 通心粉依包裝指示時間放進滾水中煮，撈起備用。

2 奶油放進平底鍋中，融化後放入麵粉攪拌均勻。

3 慢慢加入鮮奶油攪拌炒至成糊狀。

4 加入切達起司以及帕瑪森起司，煮至融化。

5 倒進瀝乾的通心粉攪拌均勻，最後加入黑胡椒調味即可。

Memo

◆ 因為起司有一點鹹度，可以視個人口味增添鹽調味。

培根辣蝦捲

··

這道小點心是利用培根包覆蝦子煎,最後淋上美味的辣醬,做這道真的要小心,很容易一口接一口地不小心吃完!

材料

培根 … 5 條
蝦子 … 5 尾
是拉差辣椒醬 … 1 大匙
美乃滋 … 1 大匙
黑胡椒 … 少許

作法

1 蝦子剝殼去腸泥後用培根包覆。

2 是拉差辣椒醬與美乃滋攪拌均勻。

3 用中小火熱鍋,放入培根蝦捲慢煎,煎至培根出油呈焦脆狀。

4 翻面繼續煎至微焦即可撒上黑胡椒起鍋。

5 最後淋上辣醬就完成了。

Memo
◆ 如果不想開火也可以用烤的。烤箱設定180℃先預熱,烤10分鐘即可。

熱煎三明治

麵包可使用吐司或歐包，起司則用切達加上莫札瑞拉效果最好，鹹度夠、有奶香又會牽絲，麵包另用奶油煎烤，真是香上加香！

材料

歐包 … 2片
切達起司 … 30g
莫札瑞拉起司 … 30g
奶油（麵包正面）… 15g
奶油（麵包背面）… 15g
黑胡椒 … 適量

作法

1 平底鍋中放入奶油15g，放入兩片歐包煎。

2 煎至酥脆後，加入其餘奶油，翻面繼續煎。

3 在一片歐包上放入切達起司、莫札瑞拉起司以及黑胡椒，取另一片歐包覆蓋。

4 用壓肉板壓三明治約30秒後，翻面再繼續壓煎30秒即可取出。

Memo
◆ 如果沒有壓肉板，可利用重物或小型鑄鐵鍋壓，壓著才能煎出酥脆的外皮！

燻鮭派對小點

這道菜可以當作下午點心或宴客前菜，鹹度跟香氣都很足夠，搭配酪梨可以中和鹹度和增添口感，喜歡燻鮭魚的朋友一定要試試！

材料

煙燻鮭魚 … 100g
煙燻鮭魚（奶油乳酪用）
… 20g
酪梨 … 1/2顆
奶油乳酪 … 3大匙
小圓餅 … 1/2條
檸檬 … 1顆
黑胡椒 … 適量

作法

1 酪梨切片備用；20g 煙燻鮭魚切碎。

2 奶油乳酪放置室溫軟化後放入碗中，加入切碎的鮭魚拌勻。

3 在小圓餅上方抹上 2，放上酪梨片。再放上煙燻鮭魚。

4 最後刨上新鮮檸檬皮，撒上黑胡椒即可。

Memo

◆ 燻鮭奶油乳酪一次也可以多做一點，平時抹在歐包上或貝果上都非常美味。另外小圓餅可用法棍替代。

蔥香起司捲餅

利用煎的溫度來融化起司，另外還會加入蔥花。起司跟蔥花其實非常搭！這道不論做宵夜或早餐都很適合。

材料

墨西哥捲餅 … 1片
綜合焗烤起司絲 … 1/2杯
黑胡椒 … 1/8茶匙
蔥花 … 2大匙

作法

1 墨西哥捲餅自冷凍取出，直接放入開小火的鍋中乾烙10秒。

2 接著翻面撒上起司絲、蔥花以及黑胡椒。

3 將墨西哥捲餅對半折，煎到表面金黃色後即可。

Memo

◆ 墨西哥捲餅煎過會變得酥脆，一折就斷，所以步驟 2、3 動作要快。

奶酒阿芙佳朵

••••••••••••••••••••••••••••••••••••

義大利有名的阿芙佳朵是用香草冰淇淋淋上濃縮咖啡，是飲品也是甜
點。另外加上奶酒，更增添一點大人的滋味。

材料

香草冰淇淋 … 2球
濃縮咖啡 … 20ml
奶酒 … 20ml

作法

1 容器可以先放置冰箱冰10分鐘。

2 香草冰淇淋放入容器中，倒入奶酒以及濃縮咖啡即完成。

Memo

◆ 想要更加療癒嗎？完成後可以擠上鮮奶油，撒上可可粉，放上捲心酥。

烹調時間
15分鐘

使用鍋具
平底鍋

宴客料理

西班牙蒜味蝦

這道經典開胃菜在宵夜場也非常適合，單吃或配上法棍、白酒都很棒。
重點在於用很多橄欖油去炒香大蒜片，剩下的油隔天可以拿來拌麵。

材料

鮮蝦 … 15尾
大蒜 … 10瓣
橄欖油 … 1/2杯
煙燻紅椒粉 … 1茶匙
海鹽 … 適量
洋香菜 … 適量

作法

1 鮮蝦剝殼後去腸泥備用；大蒜去皮後切片。

2 在鍋中放入橄欖油以及蒜片。

3 蒜片炒至金黃色後，放入蝦子炒至蝦子轉紅。

4 加入西班牙紅椒粉、海鹽調味攪拌，最後撒
上洋香菜即可。

Memo

◆ 如果喜歡吃海鮮，也可以額外再放入透抽、干貝等食材。

烹調時間	使用鍋具	簡易料理
20分鐘	平底鍋	

香料鷹嘴豆

鷹嘴豆具有高度營養價值，當做零嘴宵夜很不錯，這道的鷹嘴豆我們使用罐頭的水煮鷹嘴豆，可以省下不少時間！

材料

鷹嘴豆 … 1罐
橄欖油 … 1大匙
煙燻紅椒粉 … 2茶匙
大蒜粉 … 1茶匙
肉豆蔻 … 1/8茶匙
芥末粉 … 1/8茶匙
鹽 … 1/8茶匙

作法

1 鷹嘴豆從罐頭取出後瀝乾備用。

2 將所有香料、鹽以及鷹嘴豆放置碗中攪拌均勻。

3 在鍋中放入橄欖油、鷹嘴豆炒1分鐘，至鷹嘴豆微焦即可。

Memo

◆ 這道也適合用烤的，將所有材料與瀝乾的鷹嘴豆攪拌均勻，用烤箱180℃烤15分鐘。

烹調時間	使用鍋具	簡易料理
10分鐘	平底鍋	

XO 醬蘿蔔糕

XO 醬蘿蔔糕也是我家宵夜時很常出現的料理，它作為主食大多在早餐並且都是單煎，加上醬料炒會變得更加華麗美味！

材料

蘿蔔糕 … 2片
油 … 1茶匙
XO 醬 … 20g
香菇素蠔油 … 1茶匙
白胡椒 … 1/8茶匙
蔥花 … 1茶匙

作法

1 熱鍋放油，油熱後放入蘿蔔糕，待一面煎至金黃色再翻面煎至金黃色。

2 用鍋鏟切小塊後，放入 XO 醬、香菇素蠔油以及白胡椒大火快炒。

3 炒勻後撒上蔥花即可起鍋。

Memo

◆ 蘿蔔糕很容易煎到沾鍋，小技巧是鍋熱下油再下蘿蔔糕，不要一直翻面，等到底部香味出來、差不多變金黃色再翻面。

烹調時間	使用鍋具	簡易料理
10分鐘	平底鍋	

鹽麴虱目魚肚

鹽麴會讓食物更柔軟更甘口，用於醃漬則能讓肉品變得更美味。鹽麴虱目魚肚煎的時候非常香，下鍋前可稍微擦拭魚身，不然會比較容易焦。

材料

虱目魚肚 … 1片
鹽麴 … 1大匙
味酥 … 1茶匙
油 … 1茶匙

作法

1 虱目魚肚用鹽麴以及味酥醃漬魚肉面30分鐘。

2 以廚房紙巾擦拭顆粒以及水分。

3 熱鍋放油，將虱目魚肚魚皮朝下，煎至魚肉旁邊開始發白後翻面。

4 繼續煎到金黃色即可起鍋。

Memo

◆ 煎魚的訣竅跟蘿蔔糕一樣，盡量是鍋熱油熱後才下魚，記得壓乾水分並翻一次面就好，可以避免沾鍋。

肉 類

雞胸
西芹雞肉絲 ⋯⋯⋯ 026
芝麻雞塊 ⋯⋯⋯ 160
雞肉口袋餅 ⋯⋯⋯ 184

雞腿
醬燒雞腿串 ⋯⋯⋯ 042
塔塔雞腿排三明治 ⋯⋯⋯ 078
香檸雞肉 ⋯⋯⋯ 092
芝麻雞塊 ⋯⋯⋯ 160
奶醬洋芋雞肉 ⋯⋯⋯ 194
山藥香菇雞湯 ⋯⋯⋯ 234
雞肉飯 ⋯⋯⋯ 248
慢燉蔬菜雞腿 ⋯⋯⋯ 258
雞肉白醬筆管麵 ⋯⋯⋯ 260

雞翅
洋蔥雞翅 ⋯⋯⋯ 018
吮指香雞翅 ⋯⋯⋯ 222

豬里肌
香料煎豬排 ⋯⋯⋯ 100

豬肉片／豬五花
豆乳豬肉湯 ⋯⋯⋯ 046
豬肉苦瓜炒 ⋯⋯⋯ 088
蒜苗甜椒豬五花 ⋯⋯⋯ 034
古早味炸肉 ⋯⋯⋯ 152
肉片蓮藕炒 ⋯⋯⋯ 162
薑汁燒肉米漢堡 ⋯⋯⋯ 176

豬肉絲
家常糖醋肉 ⋯⋯⋯ 084
什錦炒米粉 ⋯⋯⋯ 254

豬絞肉
雙層起司漢堡 ⋯⋯⋯ 124
蝦仁珍珠丸 ⋯⋯⋯ 230
波隆納肉醬麵 ⋯⋯⋯ 242

排骨
排骨玉米湯 ⋯⋯⋯ 039
菱角湯 ⋯⋯⋯ 141
蓮藕排骨湯 ⋯⋯⋯ 158
蘿蔔排骨湯 ⋯⋯⋯ 205

豬肋排
蒜香小排 ⋯⋯⋯ 168

豬肝
麻油薑絲豬肝湯 ⋯⋯⋯ 241

牛肉
黑胡椒牛肉 ⋯⋯⋯ 058
沙茶牛肉 ⋯⋯⋯ 202
芥蘭牛肉炒麵 ⋯⋯⋯ 238
牛肉豆腐鍋 ⋯⋯⋯ 252

牛絞肉
蘑菇牛肉丸 ⋯⋯⋯ 066
雙層起司漢堡 ⋯⋯⋯ 124
乾式牛肉咖哩 ⋯⋯⋯ 216
波隆納肉醬麵 ⋯⋯⋯ 242

海 鮮 類

蝦
甜豆蝦仁 ⋯⋯⋯ 020
奶油蒜味蝦 ⋯⋯⋯ 054
櫛瓜蛋披薩 ⋯⋯⋯ 068
酥炸拼盤 ⋯⋯⋯ 126
蝦仁珍珠丸 ⋯⋯⋯ 230
蒸蛋烏龍麵 ⋯⋯⋯ 262
香酥海鮮煎餅 ⋯⋯⋯ 263
培根辣蝦捲 ⋯⋯⋯ 273
西班牙蒜味蝦 ⋯⋯⋯ 278

透抽／小卷
櫛瓜蛋披薩 ⋯⋯⋯ 068
酥炸拼盤 ⋯⋯⋯ 126
香酥海鮮煎餅 ⋯⋯⋯ 263
醬燒小卷 ⋯⋯⋯ 136

鯛魚
炸魚薯條 ⋯⋯⋯ 268

鱸魚
香煎鱸魚佐洋蔥絲 ⋯⋯⋯ 050

鮭魚
牛肝菌醬佐香煎鮭魚 ⋯⋯⋯ 144
野菇鮭魚煮 ⋯⋯⋯ 208
鮭魚炊飯 ⋯⋯⋯ 250

鯖魚
香菜佐鯖魚 ⋯⋯⋯ 108

虱目魚肚
鹽麴虱目魚肚 ⋯⋯⋯ 281

蛤蜊
蛤蜊湯 ⋯⋯⋯ 089
蛤蜊巧達湯 ⋯⋯⋯ 212

干貝
上湯娃娃菜 ⋯⋯⋯ 062

淡菜
羅勒番茄淡菜 ⋯⋯⋯ 116

蔬 菜 類

白菜
炒三絲 ⋯⋯⋯ 140

奶油白菜
奶油白菜野菇 ⋯⋯⋯ 225

菠菜
培根菠菜 ⋯⋯⋯ 196
蒜香菠菜 ⋯⋯⋯ 233

美生菜
家常沙拉 ⋯⋯⋯ 118
雙層起司漢堡 ⋯⋯⋯ 124
雞肉口袋餅 ⋯⋯⋯ 184

地瓜葉
金銀地瓜葉 ⋯⋯⋯ 156

高麗菜
塔塔雞腿排三明治 ⋯⋯⋯ 078
薑汁燒肉米漢堡 ⋯⋯⋯ 176
培根高麗菜 ⋯⋯⋯ 211
牛肉豆腐鍋 ⋯⋯⋯ 252
什錦炒米粉 ⋯⋯⋯ 254
慢燉蔬菜雞腿 ⋯⋯⋯ 258
香酥海鮮煎餅 ⋯⋯⋯ 263

空心菜
沙茶牛肉 ⋯⋯⋯ 202

芥蘭
木耳芥蘭 ⋯⋯⋯ 204
芥蘭牛肉炒麵 ⋯⋯⋯ 238

青江菜
青江菜炒蛋 170

小松菜
蒜炒小松菜 038
腐皮小松菜 045

娃娃菜
培根娃娃菜 022
豆乳豬肉湯 046
上湯娃娃菜 062
牛肉豆腐鍋 252

青花菜
起司青花菜 210
蒸野菜 218

花椰菜
蒸野菜 218
花椰菜濃湯 226

綠豆芽
豬肉苦瓜炒 088

毛豆
毛豆豆乾炒 036
雞肉飯 248

甜豆
甜豆蝦仁 020
甜豆蘑菇溫沙拉 052

四季豆
蒜香四季豆 104
豆腐拌雙蔬 112
野菜天婦羅 178

洋蔥
洋蔥雞翅 018
香煎鱸魚佐洋蔥絲 050
甜椒濃湯 055
黑胡椒牛肉 058
蘑菇牛肉丸 066
雙層起司漢堡 124
牛肝菌醬佐香煎鮭魚 144
南瓜濃湯 148
雞蛋豆腐燒 154
雞肉口袋餅 184

紅蘿蔔濃湯 187
野菇鮭魚煮 208
蛤蜊巧達湯 212
乾式牛肉咖哩 216
洋蔥馬鈴薯 224
波隆納肉醬麵 242
關東煮 246
松露野菇燉飯 256
慢燉蔬菜雞腿 258
香酥海鮮煎餅 263

紅蘿蔔
豆腐煎餅 028
緞帶紅蘿蔔 147
炒三絲 140
紅蘿蔔炒蛋 164
腐皮味噌湯 180
紅蘿蔔濃湯 187
蒸野菜 218
波隆納肉醬麵 242
關東煮 246
牛肉豆腐鍋 252
什錦炒米粉 254
慢燉蔬菜雞腿 258
香酥海鮮煎餅 263

白蘿蔔
腐皮味噌湯 180
野菜天婦羅 178
蘿蔔排骨湯 205
香根白玉炒 240
關東煮 246

馬鈴薯
馬鈴薯烘蛋 094
酥炸拼盤 126
奶醬洋芋雞肉 194
蛤蜊巧達湯 212
洋蔥馬鈴薯 224
慢燉蔬菜雞腿 258
炸魚薯條 268
酥脆洋芋 270

白玉馬鈴薯
奶油醬油馬鈴薯 102

西洋芹
西芹雞肉絲 026
紅蘿蔔濃湯 187
蛤蜊巧達湯 212
波隆納肉醬麵 242

蘆筍
奶油蘆筍 030
蘆筍汁 031
帕瑪森蘆筍 070
蒸蛋烏龍麵 262

玉米
排骨玉米湯 039
關東煮 246

玉米筍
蒸野菜 218

茄子
野菜天婦羅 178

甜椒
蒜苗甜椒豬五花 034
甜椒濃湯 055
黑胡椒牛肉 058
家常糖醋肉 081

山藥
山藥薏仁湯 063
山藥香菇雞湯 234

櫛瓜
櫛瓜蛋披薩 068
香料煎櫛瓜 096

大黃瓜
香菇黃瓜丸子湯 173

小黃瓜
小黃瓜氣泡水 081
家常糖醋肉 084
家常沙拉 118

絲瓜
絲瓜炒蛋絲 086
絲瓜蛋 110

山苦瓜
豬肉苦瓜炒 …… 088
豆腐拌雙蔬 …… 112

白玉苦瓜
豆腐拌雙蔬 …… 112

栗子南瓜
南瓜濃湯 …… 148
醋煎南瓜 …… 186

地瓜
野菜天婦羅 …… 178

菱角
金沙菱角 …… 172
菱角湯 …… 141

蓮藕
蓮藕排骨湯 …… 158
肉片蓮藕炒 …… 162
野菜天婦羅 …… 178

牛番茄
番茄炒蛋 …… 060
家常沙拉 …… 118
雙層起司漢堡 …… 124
雞肉口袋餅 …… 184
香料番茄 …… 197

小番茄
甜豆蘑菇溫沙拉 …… 052
涼拌番茄 …… 080

藍莓
涼拌番茄 …… 080
水果鬆餅 …… 266

酪梨
燻鮭派對小點 …… 275

菇 類

蘑菇
甜豆蘑菇溫沙拉 …… 052
蘑菇牛肉丸 …… 066
牛肝菌醬佐香煎鮭魚 …… 144
蒜香蘑菇 …… 146
蘑菇乳酪麻花捲麵 …… 188

野菇鮭魚煮 …… 208
蛤蜊巧達湯 …… 212
松露野菇燉飯 …… 256

鮮香菇
豆乳豬肉湯 …… 046
肉片蓮藕炒 …… 162
香菇黃瓜丸子湯 …… 173
野菜天婦羅 …… 178
牛肉豆腐鍋 …… 252
松露野菇燉飯 …… 256
蒸蛋烏龍麵 …… 262

鴻禧菇
野菇鮭魚煮 …… 208
奶油白菜野菇 …… 225

金針菇
牛肉豆腐鍋 …… 252

雪白菇
野菇鮭魚煮 …… 208
奶油白菜野菇 …… 225

杏鮑菇
照燒杏鮑菇 …… 232
松露野菇燉飯 …… 256

舞菇
鮭魚炊飯 …… 250

黑木耳
炒三絲 …… 140
木耳芥蘭 …… 204
什錦炒米粉 …… 254

雞 蛋、豆 腐 類

雞蛋
豆腐煎餅 …… 028
甜豆蘑菇溫沙拉 …… 052
番茄炒蛋 …… 060
蘑菇牛肉丸 …… 066
櫛瓜蛋披薩 …… 068
塔塔雞腿排三明治 …… 078
絲瓜炒蛋絲 …… 086
馬鈴薯烘蛋 …… 094

絲瓜蛋
絲瓜蛋 …… 110
家常沙拉 …… 118
雙層起司漢堡 …… 124
雞蛋豆腐燒 …… 154
芝麻雞塊 …… 160
野菜天婦羅 …… 178
紅蘿蔔炒蛋 …… 164
青江菜炒蛋 …… 170
豆包蛋 …… 203
蝦仁珍珠丸 …… 230
蒸蛋烏龍麵 …… 262
香酥海鮮煎餅 …… 263
水果鬆餅 …… 266
蒜辣炒飯 …… 271

皮蛋
金銀地瓜葉 …… 156

鹹蛋
金銀地瓜葉 …… 156
金沙菱角 …… 172

板豆腐
豆腐煎餅 …… 028
鹽味豆腐 …… 044
海苔豆腐煎 …… 138
雞蛋豆腐燒 …… 154
牛肉豆腐鍋 …… 252

嫩豆腐
豆腐拌雙蔬 …… 112

豆乾
毛豆豆乾炒 …… 036

腐皮
腐皮小松菜 …… 045
腐皮味噌湯 …… 180

豆包
豆包蛋 …… 203

油豆腐
關東煮 …… 246

加工食品類

培根
培根娃娃菜 022
南瓜濃湯 148
培根菠菜 196
培根高麗菜 211
蛤蜊巧達湯 212
培根辣蝦捲 273

煙燻鮭魚
燻鮭派對小點 275

丸子
香菇黃瓜丸子湯 173
關東煮 246

竹輪
關東煮 246

鷹嘴豆罐頭
香料鷹嘴豆 279

蘿蔔糕
XO 醬蘿蔔糕 280

米血
關東煮 246

乾貨

牛肝菌
牛肝菌醬佐香煎鮭魚 144

乾香菇
山藥香菇雞湯 234
什錦炒米粉 254

海苔
海苔豆腐煎 138

昆布
關東煮 246

柴魚片
關東煮 246
牛肉豆腐鍋 252

蝦米
香根白玉炒 240
什錦炒米粉 254

白木耳
銀耳甜湯 023

紅薏仁
山藥薏仁湯 063

乳製品

焗烤起司絲
櫛瓜蛋披薩 068
蔥香起司捲餅 276

帕瑪森起司
帕瑪森蘆筍 070
蘑菇乳酪麻花捲麵 188
起司青花菜 210
波隆納肉醬麵 242
雞肉白醬筆管麵 260
起司通心粉 272

莫札瑞拉起司
起司青花菜 210
熱煎三明治 274

切達起司
起司通心粉 272
熱煎三明治 274

起司片
雙層起司漢堡 124

奶油乳酪
燻鮭派對小點 275

鮮奶
花椰菜濃湯 226
水果鬆餅 266

鮮奶油
甜椒濃湯 055
牛肝菌醬佐香煎鮭魚 144
南瓜濃湯 148
奶醬洋芋雞肉 194
野菇鮭魚煮 208
蛤蜊巧達湯 212
波隆納肉醬麵 242
松露野菇燉飯 256
雞肉白醬筆管麵 260

起司通心粉 272

主食

義大利麵
橄欖油蒜味義大利麵 072
刺客義大利麵 130
蘑菇乳酪麻花捲麵 188
波隆納肉醬麵 242
雞肉白醬筆管麵 260

吐司
塔塔雞腿排三明治 078

法國長棍
橄欖油蒜味法棍 119

漢堡麵包
雙層起司漢堡 124

歐式麵包
熱煎三明治 274

口袋餅
雞肉口袋餅 184

墨西哥捲餅
蔥香起司捲餅 276

長米
蝦仁珍珠丸 230

白米
薑汁燒肉米漢堡 176
雞肉飯 248
鮭魚炊飯 250
蒜辣炒飯 271

烏龍麵
芥蘭牛肉炒麵 238
蒸蛋烏龍麵 262

米粉
什錦炒米粉 254

通心粉
起司通心粉 272

一年餐桌風景

134道使用當令食材的家常料理，三菜一湯及一鍋到底的美味提案

作　　者｜宅宅太太（蔡宛珍）
攝　　影｜宅宅太太（蔡宛珍）

責任編輯｜許芳菁 Carolyn Hsu
責任行銷｜鄧雅云 Elsa Deng
封面裝幀｜李涵硯 Han Yen Li
版面構成｜黃靖芳 Jing Huang
校　　對｜楊玲宜 Erin Yang

發 行 人｜林隆奮 Frank Lin
社　　長｜蘇國林 Green Su

總 編 輯｜葉怡慧 Carol Yeh
主　　編｜鄭世佳 Josephine Cheng
行銷主任｜朱韻淑 Vina Ju
業務處長｜吳宗庭 Tim Wu
業務主任｜蘇倍生 Benson Su
業務專員｜鍾依娟 Irina Chung
業務秘書｜陳曉琪 Angel Chen
　　　　　莊皓雯 Gia Chuang

發行公司｜悅知文化　精誠資訊股份有限公司
地　　址｜105台北市松山區復興北路99號12樓
專　　線｜(02) 2719-8811
傳　　真｜(02) 2719-7980
網　　址｜http://www.delightpress.com.tw
客服信箱｜cs@delightpress.com.tw
ISBN：978-626-7288-30-6
初版一刷｜2023年05月
建議售價｜新台幣490元

國家圖書館出版品預行編目資料

一年餐桌風景：134道使用當令食材的家常料
理,三菜一湯及一鍋到底的美味提案／宅宅太
太(蔡宛珍)著. -- 初版. -- 臺北市：悅知文化
精誠資訊股份有限公司, 2023.05
288面；17×23公分
ISBN 978-626-7288-30-6 (平裝)
1.CST: 食譜

427.1　　　　　　　　　　　112005006

stasher
美國矽膠密封袋

台灣 SGS　美國 FDA　德國 LFGB

#專利按壓 Pinch-loc™設計，一按就密封，非塑膠條封口，真正100%不塑

#食品級白金矽膠，經美國FDA、台灣SGS、德國LFGB檢驗，無毒好安心

#耐冷-40度，耐熱218度，冷凍、冷藏、微波或隔水加熱、舒肥料理都好用

#尺寸多元，碗形、站站、方形、長形、大長形等多種款式可挑選應用

#榮獲德國紅點設計獎，風靡全球不塑之客

冷凍/冷藏

隔水烹調/舒肥

微波

烤箱

味 Spices Journey 旅

不用為了美味妥協
選一罐純天然的香辛料

尋味道 找味旅
輕鬆做出健康又美味的料理

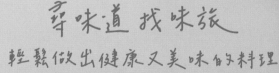

綜合香料／萬用滷包／鍋煮奶茶／異國香料

100%純天然調味料 無添加任何人工化學添加物